JN074900

プログラム未経験者でもOK!!

業務効率化/自動化のための
Google Apps Script

事務職たらこ 著

本書サポートページ

●秀和システムのウェブサイト

https://www.shuwasystem.co.jp/

●本書ウェブページ

本書の学習用サンプルデータなどをダウンロード提供しています。

https://www.shuwasystem.co.jp/support/7980html/7076.html

■注意

　本書の情報および画面キャプチャは 2023 年 8 月時点のものです。Google Apps Script や Google アプリ、その他の外部サービスのアップデートなどにより画面や仕様が変更されると、実際の画面とキャプチャに相違が生まれたり、API の使い方が変わってそのままのコードでは使えなくなることもありますので、ご了承ください。この場合は、公式のドキュメントやリリースを参考にしながら進めるのがおすすめです。

　みなさん、はじめまして!事務職たらこです。本書を手にとって
くださり、ありがとうございます。

　この本は、文系事務職による文系事務職のためのGoogle
Apps Scriptガイドブックです。Excel関数などを活用して業務効
率化をしている方の次のステップとして、「プログラミングなんて自分には無縁だ
と思っている」「プログラミングに挑戦したことがあるけど、難しくて挫折してし
まった」という方に向けて、業務効率化にはかかせない存在であるGoogle Apps
Scriptのいろはを解説しています。

　「プログラミング」と聞くと「エンジニアの人がやるもので、
勉強したことがない人はできないもの」というイメージがありま
せんか?筆者自身もずっとそう思っていたのですが、実はそれは
大きな誤解です。たとえ文系出身であっても、いつでもはじめる
ことができて、誰でも使いこなせるようになるものです。

　ですが、プログラミングには専門用語が多く、はじめての人が学ぼうとするとま
るで外国語のように感じられ、何を言っているのかさっぱりわからない状態になっ
てしまうことがよくあります。これはプログラミングが難しいからではなくて、学ん
だことがない人との共通言語で説明されていないからというだけです。

　本書では未経験者でも理解しやすいような言葉を使って、プログラミングに必
要な概念を段階的に習得できるように、順を追って解説しています。

　また、本書のゴールは紹介している実践問題のコードを理
解することではなく、みなさんが**本書で得た知識を組み合わせ
て、業務効率化や新しい武器づくりを実現すること**です。その
ため、単にコードの解説をするのではなく、どのようにコードを
組み立てればよいのか、どういう構造になっていて、どのような
順で書いていけばよいのか、その原理原則を学んでいただけるような構成にして
います。本書でGASのすべてを網羅しているわけではありませんが、自由自在に

コードを組み立ててやりたいことを実現していくために必要なことをぎゅっと詰め込んでいます。

　ただ、「Google Apps Scriptを使うこと」は目的ではなく、ひとつの手段にすぎません。エンジニアになることを目指しているわけではないので、スプレッドシート関数などの既存機能も活用しながら、**最小限の労力でやりたいことを実現していくことも大切**です（開発にかかる負担を少なくすることは、継続して学びつづける余白につながります）。そのため、本書ではGASと特に相性の良い、**スプレッドシート関数**とBIツール Looker Studioの紹介もしています。こちらも網羅的に解説しているわけではありませんが、「こういう方法もあるんだ」と考えるための土台をつくれる構成になっています。

　プログラミングの仕組みは言語が変わっても、その土台は共通しているものも多いので、本書を読み終えたら、VBAやPythonといった他のプログラミング言語を学ぶハードルも知らぬ間にぐっと下がっているはずです。本書が「はじめの一歩」となり、**業務効率化や自動化がより身近な存在になって**、みなさんのキャリアアップにつながれば嬉しいです。

2023年8月 事務職たらこ

本書の構成

　本書は、Google Apps Script（GAS）を業務で活用できるようになるために、おさえておくべきことを第1章から段階的に学べる構成になっています。プログラミングにはじめて挑戦する方は、第1章から読むことをおすすめします。興味のある章・節だけ読んでいただくこともできますが、これから自由自在に業務を効率化・自動化するために欠かせない知識をぎゅっと詰め込んでいるので、ぜひひとつずつ読み進めてください。

　また、GASの魅力を最短距離で最大限に引き出すために欠かせないスプレッドシート関数とLooker Studioの解説も第2章・第5章に盛り込んでいます。特にスプレッドシート関数をしっかりおさえておくことは「車輪の再発明」を防いで、最小限の労力で業務効率化・自動化を実現するために欠かせませんので、GASを学ぶ前にインプットします。

章	章名	カテゴリ	主な内容
第1章	仕事を楽にしたっていい	はじめに	・業務効率化・自動化をするための考え方
第2章	Excelを超えるパワフルな世界 – SpreadSheet –	スプレッドシート関数	・おすすめのスプレッドシート関数 　**ダウンロード増補コンテンツあり**
第3章	あらゆる業務の効率化を実現する Google Apps Script	Google Apps Script	・基礎理解
第4章	自動化でさらなるレベルアップ	Google Apps Script	・Googleアプリの操作 　**ダウンロード増補コンテンツあり**
第5章	さらなるアドバンステクニックの 『紹介』	Google Apps Script Looker Studio	・WebAPIの使い方 ・業務活用するためのポイント ・Looker Studioの基本的な使い方

　また、本編には入りきらなかった実践問題・スプレッドシート関数をダウンロード増補コンテンツとして用意しています。下記よりダウンロードしてください。本編と同じクオリティで、より自由度高くシンプルにGoogle Apps Scriptを使いこなすためにおさえていただきたいナレッジを紹介しています。本編を読み終わってからでも、本編と行き来しながらでも読めるようになっているので、ぜひこちらもチェックしてください。より実践的なスキルを習得することができます。

https://www.shuwasystem.co.jp/support/7980html/7076.html

目次

第1章　仕事を楽にしたっていい

第3章 あらゆる業務の効率化を実現する Google Apps Script

第5章　さらなるアドバンステクニックの『紹介』

第1章

仕事を楽にしたっていい

無駄な仕事が多いと気づいてしまった

 ## 知識やスキルがなければ、面倒くさい作業は手動でやるしかないの？

　　　　　　　　はじめまして!事務職たらこです。本書を手にとってくださり、ありがとうございます。

　初めに、私の自己紹介をさせてください。私は、いわゆるザ・文系の人間でプログラミングには縁もゆかりもなく、千葉大学の法経学部を卒業後、マーケティング企業に入社して事務職としてキャリアをスタートさせました。当時はExcelが業務の基盤となるツールでしたが、単純な表を作成する以外に何ができるか全く知らないような状態からのはじまりでした。Excelやプログラミングができる人は特別な知識やスキルを持っていて、それが備わっていない私には使いこなすことはできない、スマートフォンひとつあれば何でもできる便利な時代だけど、仕事には、自分にはどうしようもできないような面倒くさくて大変な作業があるものなんだと「誤解」をしていました。

知らない ≠ できない

　　　　　　　　Excelの使い方は右も左も分からないという状態でしたが、幸運なことに入社後研修でVLOOKUP関数やIF関数について学ぶ機会があり、「Excelのポテンシャルはすごいらしい」と知ることができました。そのポテンシャルを引き出す使い方を私自身はできなかったものの、部署にExcelが得意な先輩がいたので、手作業で1つずつ対応したら膨大な時間がかかるような作業が発生すると「自動でやる方法はありますか?」と相談をしていました。「さすがにこれは複雑だから、厳しいだろうな…」と思うような作業も、ダメもとで相談すると、あれよあれよという間に先輩がExcel関数を組み立てて解決してくださるので「ルール化できることなら、たいてい自動化できる」ということを知れました。

最初の頃は「〇〇〇さんはExcelが得意で、知識が豊富だから解決できるんだな。私はまだまだExcelの知識が浅いから、自力では解決できないな。」と思っていましたが、何度か相談するうちに、その先輩が都度、解決方法を調べて模索しながらやりたいことを実現してくださっていることに気が付きました。恥ずかしながら、それまで私は先輩が調べて考えている姿を後ろで見守っているだけだったのですが、ふと「どうして先輩に調べてもらっているんだ？私が自分で調べたらいいのでは？」と気が付いたのです。私が自力で効率化・自動化できなかった理由は「知らないから」ではなく、「知らないという状態から脱却しようとする努力をしていなかったから」でした。何かをやろうと思った時点で、それに必要な知識やスキルが備わっていないことは大きな問題ではありません。実は、ほんの少し調べて実践してみると、簡単にできることは意外とたくさんあります。

社会人になりたての頃は、似たような作業を繰り返しする必要があったり、それが定期的に発生することがあっても、「仕事とは大変で手間のかかるものなんだな」と、その面倒な作業を受け入れていました。しかし、自分で調べてひとつずつ問題を解決していくうちに、技術の進歩によって世の中は驚くほど便利になっていることを思い出しました。**スマートフォンひとつあれば何でもできる時代です。決済もデリバリーも家電操作も手間なく簡単にできる時代です。面倒くさい作業を受け入れて、我慢するしかないはずはありません。**

そう気づいて、前例がなかったり、良い方法を知っている人が周りにいなかったり、上司に「これは自動化できないかも」と言われても、「こんなに便利な世の中で、そんなに面倒くさいことは本当にある？いや、絶対にそんなはずはない。」と考えて、できる方法がないかを調べて試してやってみることを徹底しました。そうすると上司ができないと言ったことも、簡単に実現できるようになっていきました。**できないと思いこんでいるだけで、効率化・自動化できる作業が多くあったのです。**

自分でやる必要のない仕事は、誰かに任せよう

周りの人の「あたりまえ」が正しい？

　先ほど登場した「Excelが得意な先輩」は周りから特別な存在としてみなされ、「その人だからできること、詳しくない自分たちはできなくても仕方がない。」と思うのが当然のようになっていました。しかしそれは特別だということにあぐらをかいて、自分たちの「あたりまえ」をアップデートする必要がある可能性から目をそむけているだけでした。先にも述べたように、知らないからできないのではなく、知らないという状態を脱却する努力をしていなかっただけだったのです。

　技術は日々進歩しています。その中で、誰かから教えてもらった方法や、以前から慣習となっている方法が、ずっと最適な解であり続けるというのは疑う余地があります。

アップデートされていない「あたりまえ」はたくさんある

　この便利な時代ならではのやり方は、日々更新されています。ですが、毎日たくさんの仕事がある中で、情報をキャッチアップして、それを習得してアップデートしていくのは誰しもが簡単にできることではありません。私の周りにも、必要以上に作業に時間をとられて、夜遅くまで働いている方がたくさんいました。もっと効率的で手間も心労もかからない良い方法があるはずなのに、アップデートする方法を考える余力がないだけで、本来する必要のない手作業が「あたりまえ」になっているケースがたくさん存在しているのです。

　機械に任せたら自動でできる作業に、時間も心も費やしながら対応するのは非常にもったいないことです。定期的に発生する業務だと、そのために時間を確保

しなければいけないことで「この曜日は休めない。早起きしなければいけない。」など、制限されることもあるでしょう。ほんの少し、新しい技術を習得すると、自分の手で効率化・自動化できる範囲はぐっと広がります。

また、手動作業は時間がかかるだけではありません。うっかり作業ミスをしてしまう可能性があります。ミスが発生すると「どうして発生したのか」「どう改善するのか」を調査・検討し、整理するのに時間をとられたり、また自分自身の心の負担にもなってしまいます。しっかりと仕組みを整えて、作業を機械に任せることは自分をミスから遠ざけることにも繋がります。こういったリスクや負担を仕組みで削減することは、自分だけではなく周りの人、さらには会社にとっても同じように有益です。

本書では、業務改善の範囲を広げるためのツールとして、Google Apps Script・スプレッドシート関数・Looker Studioを紹介します。詳しくは各章でお伝えしますが、誰でも手軽に活用できる最高に便利なツールです。はじめのうちは、使いこなすのにも時間がかかり「効率化するのに時間がかかるから、手動作業をした方が速い」とジレンマを感じることもあるでしょう。私自身も、今であれば10分かけずにできるものでも、なかなかうまくいかずに4,5時間かかるようなことが何度もありました。ただ、**目を向けていただきたいのは「手動作業をやり続けて習得できるスキル」**と**「効率化・自動化に挑戦することで習得できるスキル」**の差です。どちらの方法を選んだ方が今後に繋がるのかを考えると、やるべきことが見えてくるはずです。

挑戦を積み重ねていけば、おのずと効率化にかかる時間は減っていきます。自分でなくてもできる業務は機械に任せて、そこで培ったスキルを活用して別の仕事に取り組んだり、それによって生まれた時間でさらにスキルアップをしたり、あなただからできる仕事に時間を使えるように、新しい扉を開いていきましょう。

目の前の業務を自動化してくれる
ヒーローはこない

開発のプロが、あらゆる業務を自動化してくれる日が来るのでは？

　こう思っている方もいるかもしれません。私自身、かつては「この業務もいずれツールなどが開発されて、自動化されるんだろうな。」「そうしたら自分の仕事はなくなってしまうな。」と思っていました。いつの日にか、技術の力で仕事がもっと楽になるんだろうなという期待を感じると同時に、自動化が進むことによって職を失う近い将来をいつも不安に感じていました。しかし、新しいツールが着々と生まれて導入される一方で「仕事がなくなる未来」は一向にやってきませんでした。一部の会社にとっての削減インパクトが大きい業務が徐々に自動化されることはあるものの、現場社員がそれぞれ持っているような細々とした業務はその対象には上がらずに、自分たちの手にゆだねられるままだったのです。

業務をアップデートする「ヒーロー」は自分自身

　「自分の業務は、いつか、誰かの手によって自動化されるんだろうな」と思っていましたが、その誰かが現れることは一向にありませんでした。「この仕事は自動化されてなくなるだろう」と思う業務はたくさん存在するものの、そもそも自動化する人が、それを全てカバーしうるほどにはいないのです。便利な技術はどんどん出てきますが、活用するにはそれを業務に落とし込む必要があります。しかし、「落とし込む人」も「落とし込める人」も想像以上に少ないのが現実です。

　その一方で、業務を熟知している人は、かゆいところが手にとるようにわかり、何があれば生産性を上げることができるのか、現場がもとめている理想を思い描

くことができます。「新しいツールが導入されたけど、なんだか使いづらくて活用しきれない。」「ツールを開発してもらっているけど、なかなか開発者に伝わらなくて進まない。」そんな経験はありませんか?企画者や開発者が現場社員でない場合、状況を完全には把握しきれない部分があって、その焦点がずれてしまうことはめずらしくありません。だからこそ、**現場業務を深く理解しているあなたが、自分自身の手で自動化できる範囲が広がると、仕事の「当たり前」をぐっとアップデートすることができるのです。**ヒーローはなかなか来ないからこそ、ヒーローになるチャンスがここにはあります。

誰でも仕事を自動化する側になれる

「プログラミング」は「エンジニア」しかできないもの?

　　　　　業務自動化とプログラミングは切っても切り離せません。Excelやスプレッドシート関数でできる範囲には限界がありますから、それ以上のことをするにはプログラミングが必要になることがほとんどです。

　プログラミングと聞くと「エンジニアがやるもの」「工学部や情報学部で学んだ人しかできないもの」という印象がありませんか?実はこれは大きな誤解で、過去に一度も学んだ経験がなくても、誰でも使いこなせるようになるものなんです。

「プログラミング」はだれでも、いつからでも武器にできるもの

　　　　　プログラミングのコードや関連書籍などを目にしたことがある方は、到底自分には理解できない世界だと思ったことのある方もいるかもしれませんが、決してそんなことはありません。「できない」のではなくて「知らない」だけです。難しい言葉や概念がたくさん出てくるイメージがあるかもしれませんが、実は誰にとっても親しみのある言葉を使って理解することができます。

　第3章以降で、プログラミング言語のひとつであるGoogle Apps Script（GAS）を紹介します。初心者にも扱いやすく、幅広い業務を自動化することができる入門にぴったりな言語です。習得ハードルが低いだけでなく、Googleアカウントさえ持っていれば、誰でもすぐに無料で使うことが可能で、導入ハードルも驚くほど低いのが大きな魅力です。プログラムを作って動かすための準備や費用が必要だった時代から、誰でも無料で簡単に使い始められる時代になりました。「プログラミング≒エンジニアの仕事」というのはもう昔の話です。前述の通り、業務を自動化してくれるヒーローはなかなか現れません。だからこそ「自動化で仕事を失う側」から「自動化する側」になるチャンスがいくらでもあるのです。

　ここまで読んで「ノーコード／ローコードで開発できる時代だから、わざわざプログラミングを学ぶ必要はないのでは？」と思っている方がいるかもしれません。「プログラミング知識不要でできる」とされているパソコン上の作業を自動化できるRPA（Robotic Process Automation）や、独自のアプリケーション作成ができるノーコード/ローコード開発プラットフォームもどんどん普及してきているので、自分でコードを書かないという選択肢もあります。しかし、だからと言って「プログラミングを学ぶ必要はない」ということでは決してありません。

　私自身、プログラミング未経験の時代にRPA開発担当になり、月間1,000時間以上の業務を自動化した経験があります。「プログラミング知識不要」という謳い文句につられて未経験ながらに挑戦をしましたが、どのようにパーツを組み立てて処理すれば良いのかを考えるにはプログラミングの基礎的な知識が必須だったり、少し高度なことをやろうとすると標準のパーツでは不十分で、コードを書く必要が出てくるシーンがたびたび発生しました。プログラミング知識がなくても全く使えないということはありませんでしたが、その知識や理解があった方が圧倒的にスムーズかつ安定した処理ができるものを組み立てられました。

　ノーコード／ローコードを有意義に活用していくためにも、プログラミングの基礎を理解しておくことは必ず有益に働きます。効率化や自動化するスキルの土台としてプログラミング知識は必ずあなたの強い味方になります。気軽に業務改善できるツールが次々と出てくる時代だからこそ、それらの実力を余すことなく発揮させて使うためにも、プログラミングの基礎をおさえておくことが重要です。

　本書では、プログラミング未経験の方が壁を感じずに習得できるように解説していきますので、これを機に新しい武器を手に入れていきましょう。

そろばん → 電卓 → Excel の次に進もう

文系職は「Excel」が使えていれば良い?

計算するためのツールは「そろばん → 電卓 → Excel」と進化を遂げてきました。進化はここで終わりではありません。

第2章で紹介する「スプレッドシート関数」では、パワフルな処理をシンプルかつスマートに実現することができます。

● 例:Webページからデータを取得できる「IMPORTHTML関数」

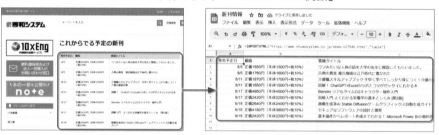

また、第3章以降の「Google Apps Script(GAS)」では、Excelやスプレッドシートだけでは難しい処理はもちろん、他ツールとの連携も自由自在に実現できます。

● 例:スプレッドシートのデータを元に、スライド資料を自動作成

そして第5章で紹介する「Looker Studio」を使うと、直感的な操作でグラフや表を作成することができます。

● 例：スプレッドシートなどのデータを元に、ダッシュボードを作成

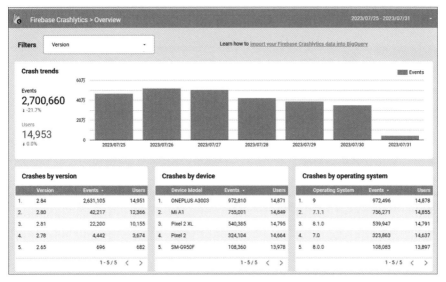

※Looker Studioテンプレートより
（https://lookerstudio.google.com/navigation/templates）

強力な「3つの武器」を仲間に加えよう

　スプレッドシート関数・Google Apps Script・Looker Studio、この3つの特徴は、Googleアカウントさえあれば誰でも今すぐに無料で使うことができることです。使うための特別なスキルも知識も不要です。周りに使っている人があまりいなかったり、いたとしても「もともとちょっとプログラミングができる」というような人しか使っていなかったりするかもしれませんが、これらのツールはどんどん業務改善のためのスタンダードになってきています。

　近い将来、Excelを使うのと同等にこれらのツールを使うのが「あたりまえ」になることでしょう。そうなったときに、これを使える人たちに「業務を自動化されて仕事を失う側」になるのではなく「自動化する側」に立てるように、一緒に「あたりまえ」をアップデートしていきましょう。

一歩を踏み出すかどうかで、未来は変わる

特別なスキルや能力はなくてもいいの？

先ほど「プログラミング≒エンジニアの仕事」は大きな誤解だとお伝えしました。それでもプログラミングと聞くと何だか難しそうで自分とは遠い存在のもののように感じる方もいるかもしれません。**でも本当に特別なスキルや能力はなくてもいいんです。** 今はまだ「知らない」だけです。私自身、ずっとプログラミングには縁がないものだと、自分ができるようになる未来なんてないものだと思っていました。それこそ「Google Apps Script」の存在は知っているものの、コードを書いて使うものだから、諦めなければいけないものだと思っていました。

ですが「ヒーローは来ないから、自動化するのは私しかいないんだ。」と腹をくくって、できないかもしれないという不安を抱えながらも挑戦してみたら、それまでは自分にはできないだろうと諦めていたようなことも、みるみるうちに実現できるようになりました。プログラミングに関する知識はほとんど持っていない状態からのスタートでしたが、そこに問題はなかったのです。**たったひとつ、必要だったのは「やってみよう」と挑戦する勇気だけでした。**

必要なのは、ほんの少しの勇気だけ

ただ知らないだけで「できない」と決めつけていたところから、ほんの少しの勇気を出して挑戦してみたら、目の前に広がる景色がガラッと変わりました。この便利な時代とは思えないような作業をすることはなくなり、「こうだったらいいのにな」と思い描く理想をあっという間に現実にできるようになりました。自分の手で実現できるので、なかなかステークホルダーを動かせずにやきもきする必要もなくなり、業務効率化・自動化のスピードが

各段に向上しました。

　これは私に限った話ではありません。YouTubeやUdemy、社内研修などでのべ1万人を超える方にプログラミングを教えてきましたが「Excel関数も苦手だった」「プログラミングなんてできないと思っていた」という方が次々と習得して、新しいキャリアを切り拓く姿を見てきました。

　自分の中の「あたりまえ」をアップデートするための挑戦をする。その一歩を踏み出すだけで、未来を大きく変えることができます。本書をきっかけに新しい一歩を一緒に踏み出していきましょう。

Googleドライブ を準備する

はじめに、準備するべきものは？

まずは、第2章以降に紹介する、スプレッドシート関数・Google Apps Scriptの入り口となる「Googleドライブ」の基本的な使い方をおさえておきましょう。

Googleドライブとは、Googleが提供するクラウドストレージサービスで、ExcelやPDFや画像ファイルなど様々な種類のデータをオンライン上に保存しておけるツールです。スプレッドシートやドキュメントなどのアプリは、Googleドライブを通じて新規ファイルを作成することができ、自動でドライブ上に保存され、管理できるようになります。

Googleアカウントを準備する

ここから触れていくGoogleドライブやスプレッドシート、Google Apps Script、Looker Studioを利用するにはGoogleアカウントが必要です。

まだ持っていないという方はアカウント作成ページ（https://accounts.google.com/signup）にアクセスして、アカウント作成をしてください。

● Googleアカウント作成画面

Google ドライブの使い方

それでは実際に使い方を見てみましょう。

◆Googleドライブを開く

GoogleのTOPページ（https://www.google.co.jp/）にアクセスして、「Googleアプリ>ドライブ」をクリックすると、Googleドライブにアクセスできます。

● Googleドライブにアクセス

※アプリの表示順はアカウントによって変わることがあります

● Googleドライブの画面

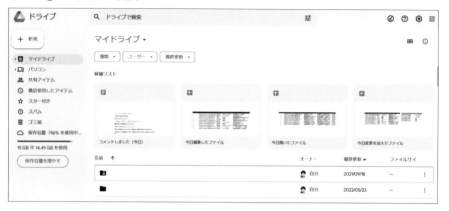

🔧 ファイルとフォルダを作成する

　Googleドライブでは、任意のフォルダを作成して、その中にファイルを格納して管理することができます。

● フォルダの中にファイルを格納

　ファイル・フォルダの作成は画面左上の「＋新規」をクリックします。

●「＋新規」からファイル・フォルダを作成

　フォルダや各種ファイルの選択肢が表示されるので、追加したいアイテムをクリックします。

● 追加するアイテムを選択

◆ファイルを移動する

　ファイルの場所（フォルダ）を移動したい場合は、ファイルにカーソルを合わせて右クリックをして「整理>移動」から設定ができます。

🧩 権限の管理をする

　Googleドライブ内のファイルやフォルダを閲覧・編集できるのは権限を付与されているユーザーのみです。ファイルを他の人とも共有したい場合は、忘れずに権限設定をしましょう。

　権限付与はファイル・フォルダどちらに対しても可能です。権限設定をしたいファイルにカーソルを合わせて右クリックをして「共有>共有」を選択します。（フォルダに権限付与すると、そのフォルダ内すべてのファイルに同等の権限が付与されます）

● 「共有」から権限設定

そうすると、権限設定のポップアップ画面が表示されます。「ユーザーやグループを追加」ではユーザーもしくはグループごとに、アドレス指定で権限付与することができます。

● ユーザーを指定して権限付与

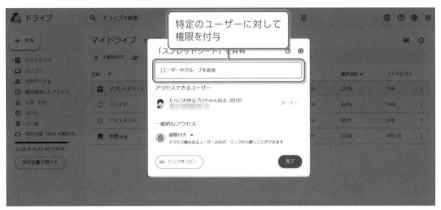

　アドレスを入力すると権限の種類が表示されるので、権限を選択して「送信」をクリックすれば権限付与は完了です。

● 権限の種類を選択して「送信」

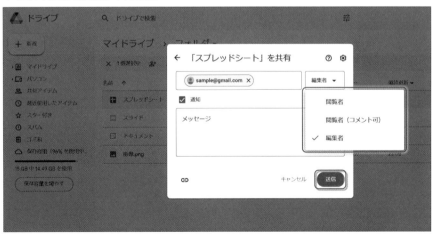

　また、ユーザーやグループごとではなく「リンクを知っている人全員」に共有す

ることも可能です。その場合は「一般的なアクセス」を「リンクを知っている人全員」に設定すればOKです。同じく権限の種類も選択できるので、必要に応じて変更しましょう。

● 「リンクを知っている人全員」に共有

● 権限の種類を選択して「完了」

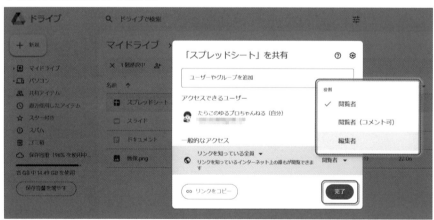

Google スプレッドシート を準備する

 ## スプレッドシートはどのように準備する?

つづいて、スプレッドシートを開いてみましょう。先ほど準備したGoogleドライブからアクセスします。

 ## Googleドライブから準備する

任意のフォルダ内で、「＋新規」から、Google スプレッドシートをクリックします。

● 新しいスプレッドシートを作成

# スプレッドシートの使い方

名前を付ける

ファイルを作成したら、管理しやすいように分かりやすいファイル名を付けましょう。ファイル名を付けないと「無題のスプレッドシート」という標準の名前のままになってしまい、振り返ったときに何をしているものなのかパッと見て判断できなくなってしまいます。

● ファイル名を変更

基本的な使い方はExcelとほとんど同じです。関数やピボットテーブル、データの並べ替えなどのさまざまな機能が付いています。ここではスプレッドシートならではのポイントをお伝えします。

権限の管理と共有をする

スプレッドシートの画面でも権限設定することが可能です。設定は、画面右上の「共有」から開けます。

●「共有」から権限設定

ファイルを共有したい場合は、該当ファイルやフォルダのURLを共有してアクセスしてもらいましょう。

● アドレスバーからURLを取得

権限付与されていないユーザーがURLにアクセスすると「アクセス権が必要です」という画面が表示され、ファイルを開けませんので、共有したいユーザーが開けるように忘れずに権限付与しましょう。

● アクセス権限がないファイルは開けない

フォルダを移動する

　また、ファイルの保存場所となるフォルダの移動も、スプレッドシート画面上からも実施できます。画面上部の「移動」アイコンをクリックすると、フォルダ選択画面が開かれるので、任意のフォルダを選択して「ここに移動」をクリックします。

● フォルダの移動

　フォルダを整理しておくことはとても重要です。「ファイルがどこにあるか分からない」といった迷子状態になることを回避するために、都度適切なフォルダに格

納するようにしましょう。

　ではこれで、Googleドライブとスプレッドシートの準備ができました。第2章から、業務効率化・自動化の範囲を広げるための具体的なメソッドを学んでいきましょう。

第2章

Excel を超える
パワフルな世界
- SpreadSheet -

「表計算ソフトと言えば Excel」からの脱却

はじめに スプレッドシートならではの魅力を知ろう

みなさん、スプレッドシートは使っていますか?Excelを使うのが慣習だからあまり使っていないという方もいれば、共同編集がしやすくて便利だからたまに使うという方や、スプレッドシートならではの魅力に惹かれてもう手放せない、という方もいらっしゃるかと思います。

少し攻めたタイトルをつけましたが、**私は決して「Excelよりスプレッドシートが優れている」と主張したいわけではありません**。どちらもそれぞれの強みを持つツールなので、その強みをしっかりと把握して、状況に応じてツールを選択することが重要だと考えています。

私自身、ほんの数年前までは「スプレッドシートはGoogle版のExcelのようなものだから、たいして機能に違いはないだろう」「Excelで不自由なく業務ができているのだから、わざわざスプレッドシートを使う必要はない」そんな印象を抱いていました。しかし、少し使ってみると、**スプレッドシートにはスプレッドシートならではの魅力があること**に気づきました。

複数人での共同編集が簡単にできることや、更新するたびに自動保存されるため「保存できずにせっかく更新したデータが消えてしまった」というアクシデントが起きる可能性が非常に低いこと、誰がいつどこを更新したのか変更履歴を簡単にさかのぼれること、そして第3章から学んでいくGoogle Apps Scriptと組み合わせることで多岐にわたる業務の効率化・自動化ができること、第5章で扱うLooker Studioと連携させれば簡単にデータビジュアライゼーションができること、と挙げたらきりがないほどに魅力の多いツールです。

その中でもまず紹介したいのが「**スプレッドシートにしか存在しない関数**」です。Excelとスプレッドシートで利用できる関数は共通しているものが多いですが、一方でExcelのみに搭載されている関数、スプレッドシートのみに搭載されている関数も存在します。オンラインである特性を活かした関数やデータ分析・操作を

シンプルかつ直感的に自動化できる関数など、作業を楽にする関数がスプレッドシートには豊富に用意されています。

　「Excelで関数を使って自動化できているから、知る必要はない」と思うのは間違いなく損です。 これはスプレッドシートに限ったことではありませんが、関数の世界はどんどん進化しています。これまでは複数の関数を組み合わせて、自分でも解読するのは腰が重くなるような複雑な数式をつくる必要があったものが、非常にシンプルかつ明快な数式で完結させることができたり、データが増えるたびに数式をコピペする作業をなくし、データの増減に合わせて自動で結果を反映することができるようになっています。

　「あたりまえ」だと思っていたことが覆されるような、パワフルな関数がスプレッドシートには用意されています。これからGoogle Apps Scriptを学んでいくからこそ、こういった既存の機能をしっかりと知っておくことはとても重要です。知らないと「GASでやるしかないと思った…」とスプレッドシート関数を使えば1~2分で終わることを、2~3時間かけて開発してしまうということも起きえます。既存の機能をうまく活用して、最小限の工数で業務効率化をするためにもスプレッドシート関数を習得していきましょう。

　本書では特におすすめの関数を選んで紹介していますが、紹介するもの以外にも便利な関数は数多く存在します。「もっとスプレッドシート関数を知りたい!」と思ったら、公式のGoogleスプレッドシートの関数リストのページで用意されている関数をざっと眺めてみたり、もう少し絞った情報がほしければ「スプレッドシートにしかない関数」などのキーワードで調べてみてください。きっと、あなたの「あたりまえ」をぐっとアップデートすることができます。

　ただ、スプレッドシートは何万行とデータが大きくなると処理の重さを感じやすい傾向にあり、膨大なデータを扱うときはExcelで処理をした方がスムーズな場合があります。この部分については、皆さんが扱うデータや実施する処理によって変わってきますので、実際にためしてみて感覚をつかんで、状況にあった手段を選択しましょう。それでは、一度はまったら抜け出せないスプレッドシート関数の世界に飛び込んでいきましょう。

● Googleスプレッドシートの関数リスト
https://support.google.com/docs/table/25273

社員一覧・顧客一覧など、いつも同じデータをコピペ。もっと楽な方法はない?

データ共有の革命 IMPORTRANGE関数

別ファイルに存在するデータを引用・参照したいときは、どうすればいい?

悩みポイント

　まったく同じデータを、複数の業務で利用しているというシーンがよくあります。例えば社員一覧や顧客一覧などのマスターデータをVLOOKUP関数で紐づけたいといった時に、マスターデータを作業ファイルにコピペして使っているような場合です。そんなときに生まれる「いつも同じデータをコピペしている」「マスターデータが更新されたら、各作業ファイルに貼り付けたデータも更新しなければいけない」という悩みはURL指定で別ファイルのデータを引用できる「IMPORTRANGE関数」で解決できます。

● イメージ図

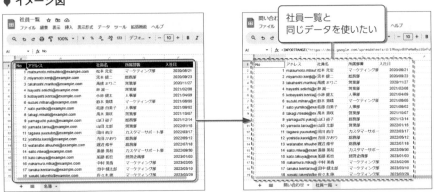

　Excelでは別ファイル(ブック)のデータは外部参照で引用できますが、スプレッドシートで同様の指定はできません。またExcelの外部参照は、参照元ファイルの

ファイルパス（格納先）に変更があった場合に、数式内で指定しているファイルパスを修正する必要があります。

='C:¥Reports¥[SourceWorkbook.xlsx]Sheet1'!A1

IMPORTRANGE関数を知らないと、スプレッドシートで別ファイルのデータを引用・参照したい場合は「手動でコピペをするしかない」と誤認して、不要な作業を行うことになってしまいます。たった一度だけの作業であれば良いかもしれませんが、データ更新が発生するたびにコピペが必要となると、作業工数がもったいないのはもちろんのこと、対応漏れが発生するリスクもあります。

これで解決

別ファイルに存在するデータの引用・参照にはIMPORTRANGE関数を使いましょう。

構文

=IMPORTRANGE(スプレッドシートのURL，範囲の文字列)

スプレッドシートのURL：引用したいデータが入っているスプレッドシートのURL

範囲の文字列：データを読み込む範囲を、**シート名!範囲**の形式で指定（例：シート1!A:G、名簿!A2:C10）

IMPORTRANGE関数は一度入力してしまえばメンテナンスは不要で、私たちの運用の手間を肩代わりしてくれるとっても便利で賢い関数です。

まず一番嬉しいのは**ファイルパス（格納先）が変わっても、数式の修正は不要**ということです。なぜならスプレッドシートのURLが変わることは基本的になく、格納先の移動があっても変わらないため、これによる変更が発生しないのです。Excelの場合は格納先を変更したら、それにあわせて数式も修正する必要があり、手間がかかってしまうのが、IMPORTRANGE関数では発生しません。また、数式変更するのを忘れていて、次にファイルを開いた人が見た時にはエラーになっ

ていて困るといったことも無くなります。

　また、**参照元データの更新はほぼリアルタイムで自動反映**されます。ユーザーがデータの追加や上書き・削除をした場合に、自動で関数の再読み込みが行われるため、データ更新に応じた手動作業は不要です。（※ただしNOW関数などのセルが計算されるたびに値が変化する関数の更新は、自動反映の対象外です）

　さらに、**引用先シートの行数が不足している場合は自動で行追加**もしてくれます。参照元のデータ行数の方が引用先シートのデータ行数より多い場合は、自動で引用先シートのデータ行数が追加されるためIMPORTRANGE関数に任せた運用が可能になります。

 **解説**

　それでは実際にやってみましょう。

❖ 使用例

　「問い合わせ一覧」に、「社員一覧」の名簿シートA-E列を表示したい場合は下記のように数式を入力します。第1引数には、データを引用したい「社員一覧」のURLを入れてください。

```
=IMPORTRANGE("https://docs.google.com/spreadsheets/d/xxxxxxxxxxx
xx/edit#gid=xxx","名簿!A:E")
```

● A1セルに数式を入力

✚一番はじめのアクセス許可

　新しい参照元のスプレッドシート（ファイル）を指定すると「#REF!」のエラーが
表示されます。これは数式が間違っていたり、うまくいっていないために表示さ
れるエラーではないのでご安心ください。**数式を入力したセルにカーソルを合わ
せるとアクセス許可を求めるメッセージが表示されるので「アクセスを許可」をク
リックしましょう。**IMPORTRANGE関数で別ファイルのデータを読み込む時は「こ
のデータ本当に反映していいの?」とスプレッドシートが確認してくれる仕組みに
なっています。

●「アクセスを許可」をクリック

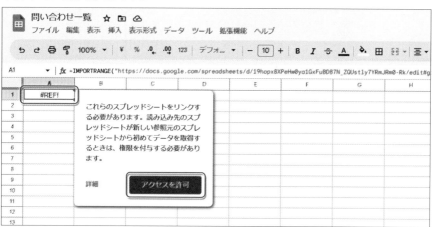

　許可が完了すると、指定範囲のデータが反映されます。（書式は反映されず、
データのみが反映されます）

● IMPORTRANGE関数の結果

　このとき、許可ができるのは参照元スプレッドシートを閲覧することができる権限を持っているユーザーのみで、アクセス権限がない場合は下記のメッセージが表示されます。

● 閲覧権限を持っていないファイルを指定した場合のエラー

　また、参照元ファイルにExcelを指定することはできないのでご注意ください。

● Excelを指定した場合のエラー

 データを反映するためのスペース確保

データを反映するセルは空白である必要があり、すでに別のデータが記載されている場合は「#REF!」のエラーが表示されます。

● 既存のデータがあるために、結果を反映できないときのエラー

記載済みのデータを勝手に上書きすることはしないため、展開先に何らかのデータが記載されている場合はこのエラーが出るようになっています。**不要なデータである場合は値をクリア、必要なデータである場合は反映させる範囲が既存データとバッティングしないように記載するセルを変えるなどして調整をしましょう。**

ステップアップ Point

　非常に便利な関数ですが、実際に業務で扱っていく上でおさえておくべきポイントがあります。うまく活用するために下記のことを把握しておきましょう。

✚ データの編集は、参照元のスプレッドシートで実施する

　IMPORTRANGE関数で反映しているデータを上書きすることはできません。上書きすると、数式を入力しているセルに「#REF!」のエラーが表示されます。そのため、データの編集は必ず参照元のスプレッドシートで実施する必要があります。

● データを上書きした場合のエラー

● 参照元スプレッドシートを更新すると、IMPORTRANGE関数の結果にも反映される

また、IMPORTRANGE関数を入れているシートを、自分以外のユーザーも使う可能性がある場合は、次図のように注意書きを1行入れたり、数式を入れているセルを色付けて、数式の存在に気づきやすくしておくと親切です。この関数の仕様や、そもそも数式が入っていること知らないと「データを上書きしたらシートがおかしくなってしまった」「原因がわからず困った」という状況が生まれる可能性がありますので、必要に応じてコメントを入れておきましょう。

● 他の人もNG事項を把握できるように明記

データ位置のズレに注意する

IMPORTRANGE関数でデータを引用しているシートでは、参照元データに変更があった場合のことを考慮してデータを取り扱うことが必要です。例えば、引用したデータの横にメモや備考を記載する場合、参照元のデータに追加があって各データの行の位置が変わっても、IMPORTRANGE関数の外で追記したメモや備考の行は変わりません。このことを認識していないと「メモや備考の位置がズレ

ていて、データが意図通りでなくなってしまった」という状況が発生してしまうので、注意してください。

● 参照元のデータが変わっても、手動で追記したデータの位置は変わらない

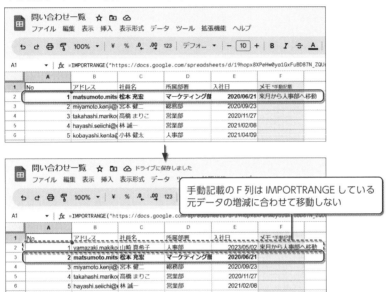

「データの変更があると困る」といった場合は、参照元スプレッドシートにメモや備考を記載するか、それがむずかしい場合は次章で紹介するGoogle Apps Scriptを活用して別の方法で対処することをおすすめします。（非常に便利なIMPORTRANGE関数ですが必ずしもどんなシーンでも最適な手段になるとは限りません）

範囲は列全体を指定する

「範囲の文字列」はなるべく更新不要なように指定をしましょう。例えば、名簿シートのA-E列のデータを引用したい場合は「名簿!A:E」と列全体を指定するのがおすすめです。「名簿!A1:E21」ように特定の範囲を指定すると、データ行数が増えたら範囲を更新する必要があります。（例:名簿!A1:E21→名簿!A1:E51）ですが、あらかじめ列全体を指定しておけばA列のデータ行数が増えても範囲を更新する必要はありません。

列全体を指定（おすすめ）

```
=IMPORTRANGE("https://docs.google.com/spreadsheets/d/xxxxxxxxxxx
xx/edit#gid=xxx","名簿!A:E")
```

特定範囲を指定

```
=IMPORTRANGE("https://docs.google.com/spreadsheets/d/xxxxxxxxxxx
xx/edit#gid=xxx","名簿!A1:E21")
```

　参照元のデータが増えたら範囲指定も更新しなければいけない形で指定をしてしまうと、手間がかかるのはもちろんですが、データが増えた時にうっかり範囲指定の更新を忘れてしまった場合に、必要データを反映できていないことで、業務ミスに繋がる可能性があります。工夫次第でこのリスクは回避することができるので、なるべく更新不要になるように指定しましょう。

✚ データの共有範囲が問題ないかを確認する

　IMPORTRANGE関数で展開しているデータは、参照元スプレッドシートの閲覧権限がない人にも表示される仕様です。そのため、引用先の閲覧権限を持っている人は誰でも展開されたデータを見ることができます。特に共有範囲を制限している扱いに注意が必要なデータの場合は、引用先の閲覧可能ユーザーを制限すべきかどうか確認をしましょう。

データが追加されるたびに、数式をコピーするのがめんどくさい。よい方法は?

数式コピペ作業はもう要らない ARRAYFORMULA関数

+α INDIRECT 関数

数式セルのコピーを自動化したいときは、どうすればいい?

悩みポイント

　数式を入れているセルがある場合は、データが追加されたらそれにあわせて数式セルをコピーするというシーンがよくあります。そのたびにコピーが発生するのは手間になることはもちろん、うっかりコピーを忘れてしまうとデータ生成のミスにも繋がってしまいます。そんなときは、「ARRAYFORMULA関数」を使うと、1つのセルに数式を入力すれば指定した範囲に結果が反映されるため、数式セルのコピーという作業から解放されます。

● イメージ図

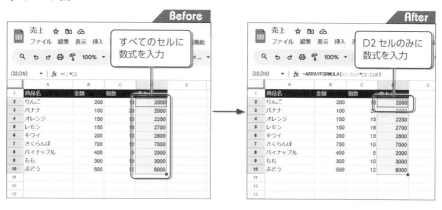

　はじめに数式を入力したときは、自動入力の候補が出てくるため数式コピーは必要ないケースもあります。ですが、データが追加で増えた場合は自動入力の候補は出てこないため、手動で数式コピーする必要が出てきます。

● 自動入力の候補

	A	B	C	D	E	F	G	H
1	商品名	金額	個数	売上				
2	りんご	200	10	2000				
3	バナナ	100	20	2000				
4	オレンジ	150	15	2250				
5	レモン	150	18	2700				
6	キウイ	200	13	2600				
7	さくらんぼ	700	10	7000				
8	パイナップル	400	5	2000				
9	もも	300	10	3000				
10	ぶどう	500	12	6000				
11								
12								

自動入力

自動入力の候補を表示
Ctrl+Enter で自動入力。　数式を表示

ARRAYFORMULA関数を使えば、タイミングによらず自動で対応することが可能です。使い方次第で、データが増えても数式を更新する必要がなくなるため、1度数式を入れてしまえば、その後の運用における対応は不要になる、とても手離れの良い関数です。

「数式は各セルに入れる必要がある」「セルの数だけコピーする必要がある」そんな常識をひっくり返してくれるもので、筆者が一番おすすめしたい関数と言っても過言ではありません。ARRAYFORMULA関数を知っているかどうかで生産性に差が出ますので、しっかりおさえておきましょう。

これで解決

同じ数式を複数行に入れたい場合は、ARRAYFORMULA関数を使いましょう。

構文

=ARRAYFORMULA（配列数式）

配列数式：計算/操作対象となるデータを、範囲で入力値に指定した数式
（例：=A1+B1、=A2+B2、=A3+B3、…、=A10+B10 の場合は
=ARRAYFORMULA(A1:A10+B1:B10)）

ARRAYFORMULA関数の特徴は**数式を入れるのは1つのセルだけでよいという**ことです。例えばA1：A100の範囲に結果を反映させたい場合は、通常であればA1：A100の各セル（つまり100セル）に数式を入れる必要がありますが、ARRAYFORMULA関数を使えばA1セルのみ（つまり1セル）に数式を入れればよいのです。

さらにメリットはこれだけではありません。ARRAYFORMULA関数を使うと**処理速度が速くなり、数式の読み込みが完了するまでの待ち時間がぐっと減ります**。1つのセルでまとめてスプレッドシートにお願いをするので処理にかかる時間が少なくなります。（逆にA1：A100の範囲の各セルに数式を入れると100回お願いをしていることになるので、処理にかかる時間がARRAYFORMULA関数を使っている場合よりも長くなります）

📝**／メモ**

とても便利なARRAYFORMULA関数ですが、SUM関数やCOUNTA関数などの一部の関数とは組み合わせて使用することはできません。

解説

それでは実際にやってみましょう。

✚ 使用例

売上データから「単価×数量」で合計金額を計算したい場合は、下記のように数式を入力します。

```
=ARRAYFORMULA(B2:B10*C2:C10)
```

● D2セルに数式を入力

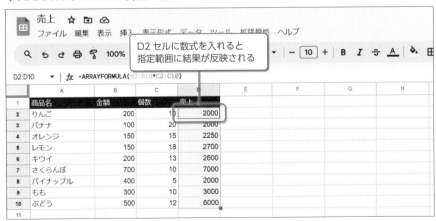

　通常は各セルに =B2*C2、=B3*C3、=B4*C4… と入力する必要がありますが、ARRAYFORMULA関数を使うと1番上のセルに、**操作対象となるデータを範囲で指定した数式**を入れると、指定した範囲に結果が反映されます。

● ARRAYFORMULA関数の結果

　もちろん、他の関数と組み合わせて活用することも可能です。例えば、「IF関数」で人気商品をわかりやすく表示したいという場合は次のように数式を入力します。

```
=ARRAYFORMULA(IF(C2:C10>15,"😊","-"))
```

● ARRAYFORMULA関数の結果

E2セルに数式を入れると
指定範囲に結果が反映される

　全体をARRAYFORMULA関数で囲い、通常は「=IF(C2>15,"😊","-")」と1セルを指定する箇所を、同じ処理をしたい範囲（C2:C10）を指定することで、結果が反映されます。

　いくつかの関数を組み合わせる場合も、使い方は同じです。全体をARRAYFORMULA関数で囲い、通常は1セルを指定する箇所で、同じ処理をしたい範囲を指定すればOKです。例えば、条件を3つに分けるためにIF関数を2回組み合わせる場合は、下記のように数式を入れます。

```
=ARRAYFORMULA(IF(C2:C10>15,"😊",IF(C2:C10>10,"☁️","☂️")))
```

● ARRAYFORMULA関数の結果

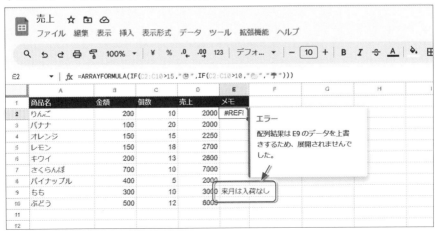

E2 セルに数式を入れると
指定範囲に結果が反映される

```
E2:E10 ▼ fx =ARRAYFORMULA(IF(C2:C10>15,"●",IF(C2:C10>10,"●","●")))
```

	商品名	金額	個数	売上	メモ
1	商品名	金額	個数	売上	メモ
2	りんご	200	10	2000	
3	バナナ	100	20	2000	
4	オレンジ	150	15	2250	
5	レモン	150	18	2700	
6	キウイ	200	13	2600	
7	さくらんぼ	700	10	7000	
8	パイナップル	400	5	2000	
9	もも	300	10	3000	
10	ぶどう	500	12	6000	
11					
12					

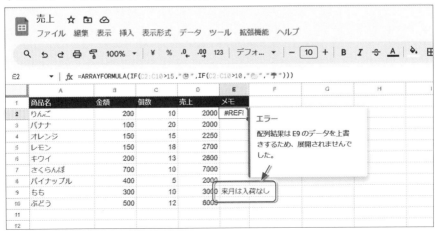

結果を反映するためのスペース確保

結果を反映するセルは空白である必要があります。すでに別のデータが記載されている場合は「#REF!」のエラーが表示されます。記載済みのデータを勝手に上書きすることはしないため、何らかのデータが記載されている場合はこのエラーが出るようになっています。（IMPORTRANGE関数と同じ仕組みです）

● 既存のデータがあるために、結果を反映できないときのエラー

```
E2 ▼ fx =ARRAYFORMULA(IF(C2:C10>15,"●",IF(C2:C10>10,"●","●")))
```

	A	B	C	D	E	F
1	商品名	金額	個数	売上	メモ	
2	りんご	200	10	2000	#REF!	
3	バナナ	100	20	2000		エラー
4	オレンジ	150	15	2250		配列結果は E9 のデータを上書
5	レモン	150	18	2700		きするため、展開されませんで
6	キウイ	200	13	2600		した。
7	さくらんぼ	700	10	7000		
8	パイナップル	400	5	2000		
9	もも	300	10	3000	来月は入荷なし	
10	ぶどう	500	12	6000		
11						
12						

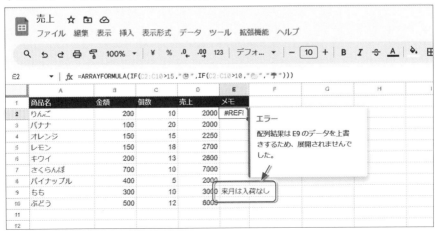

不要なデータである場合は値をクリア、必要なデータである場合は
ARRAYFORMULA関数を入れるセルを変更するなどして調整をしましょう。

✚ 結果の確からしさは必ず確認

他の関数を使うときも同じですが、うっかり範囲指定を間違えてしまうと意図
通りの結果にはなりません。出力された結果が意図通りになっているか、必ず確
認しましょう。

Step Up! ステップアップ Point

ここまでに紹介した使い方では「B2:B10」「C2:C10」と決
まった範囲を指定してきました。ただ、この指定方法だとデー
タ行数が増えたら範囲を更新する必要があります。(例:B2:B10→B2:B15)

都度更新の手間がかかるのはもちろんですが、データが増えた時にうっかり範
囲指定の更新を忘れてしまった場合に、必要データを反映できていないことで、
業務ミスに繋がる可能性もあります。こういったリスクを回避するために、**データ
行数の増減に応じた更新を不要にする方法を2つ学びましょう。**

✚ 列全体を指定する

「B2:B」「C2:C」と列全体を指定すると最終行まで結果が反映されるため、都
度更新が不要になります。

```
=ARRAYFORMULA(IF(C2:C>15,"👾","-"))
```

● ARRAYFORMULA関数の結果

この方法はとてもシンプルかつ簡単でおすすめなのですが、**次図の14行目以降のように計算対象のC列が空白の場合も、シート最終行まで結果が反映されます。**データが反映されたままにしても問題ない場合もありますが、Google Apps ScriptやLooker Studioでスプレッドシートのデータを読み込んで活用している場合は、データがない行にも結果が反映されると不都合が生じるという場合もあります。

● C列が空白のセルも結果が反映される

こういった場合は、次に紹介する「COUNTA関数」「INDIRECT関数」を組み合わせる方法を使うと、計算対象のセルにデータが入っている箇所にのみ結果を反映させることが可能です。

➕データが存在する範囲を自動で指定する

結果を特定セルにのみ反映したい場合は、「C2:C10」「C2:C25」と範囲をぴったりと指定する必要があります。つまり、これを実現するには、データ行数に合わせて範囲を自動で算出することができれば良いのです。

まずは範囲の算出に必要な要素を準備しましょう。データ行数によって変更する必要があるのは「C2:C10」「C2:C25」の範囲の最終行数に該当する箇所のみです。**この最終行数は、範囲内の値が入ったセルの個数を取得する「COUNTA関数」で算出することができます。**（※範囲の途中に空白セルがある場合は、COUNTA関数の結果＝最終行数にはならないので注意してください）

=COUNTA（値1）

値1：セルの個数を数える範囲

　例えばC列の値が入ったセルの個数を取得したい場合は、下記の数式を入力します。範囲の途中に空白セルが入っていない場合は、COUNTA関数で取得できるセルの個数が「範囲の最終行数」と等しくなります。

=COUNTA（C:C）

● C列の値が入っているセルの数を算出

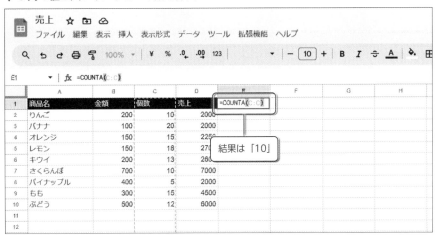

　そしてここで、上記で取得した最終行数をARRAYFORMULA関数の範囲指定に組み込むために、**文字列で範囲指定ができる「INDIRECT関数」**を使います。単純に「C2:C&COUNTA（C:C）」と範囲と関数をそのまま組み合わせることができないため、INDIRECT関数を組み合わせる必要があります。

=INDIRECT（セル参照の文字列）

セル参照の文字列：セル範囲を二重引用符で囲んだ文字列で指定

これを活用すると「C2セルから、最終行まで」と、データ行数にあわせて動的に範囲を指定することが可能になります。

=INDIRECT("C2:C"&COUNTA(C:C))

では、これをARRAYFORMULA関数とあわせてみましょう。組み合わせる関数が増えたので、わかりやすいようにシンプルなIF関数の例で確認します。

=ARRAYFORMULA(IF(INDIRECT("C2:C"&COUNTA(C:C))>15,"😊","-"))

こうすると、C列にデータが存在する最終行までの範囲にIF関数の結果が反映されます。

● ARRAYFORMULA関数の結果

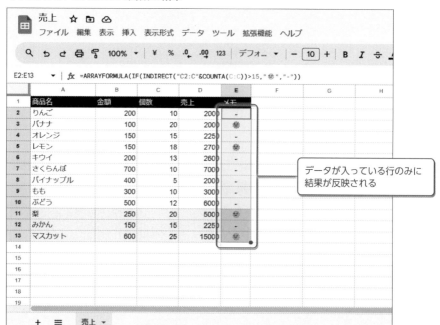

組み合わせる関数が多く、少し複雑に見えるかもしれませんが慣れてしまえばなんてことありません。まずはINDIRECT関数を使わずにARRAYFORMULA関数で数式を組んで、その後にINDIRECT関数を使った範囲指定にアップデートするかたちで段階を追って対応すると混乱せずに数式を組むことができます。

● 数式を組み立てるイメージ

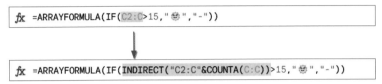

　ARRAYFORMULA関数は手動作業をぐっと減らすことができる非常に便利な関数なので、そのメリットを最大限活かせる形で活用していきましょう。

売上データから条件にあてはまるデータだけとりだすには?

自由自在にデータ抽出できる魔法の関数 QUERY関数

データの中から条件に一致するデータのみを抽出したいときは、どうすればいい?

悩みポイント

データの中から条件に一致するものだけを抽出したいというシーンがよくあります。フィルターで必要なデータのみに絞り込んで、作業用の別ファイルに貼り付けて対応したり、さらにはフィルターをかけたデータのうち一部の列のデータのみ必要でいらないデータの削除が発生するといったシーンもあるでしょう。「毎回同じデータ抽出作業をしているから、どうにか効率化したい」という悩みは、自由自在に条件と体裁を指定して、欲しいデータだけを抽出することができる「QUERY関数」で解決できます。

● イメージ図

定期的に同じ条件で抽出作業が発生する場合は、あらかじめQUERY関数を入れたファイルを用意しておけば、元となるデータをそのシートに張り付けるだけで必要なデータを自動で抽出することができるため、毎回フィルターをかけて絞り込

みをしたり、別ファイルにコピペをする必要はなくなります。

● 数式ファイルを用意すれば、必要なのは元データの更新作業だけ

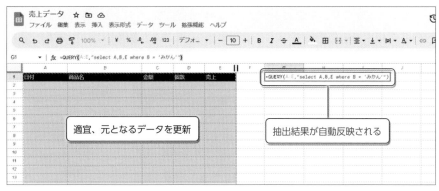

QUERY関数で自動化できる作業というのは多く存在します。「いますぐに活用
できそうな業務はない」「この機能は特に使わなさそうだしイメージも湧かない」
という方もいらっしゃるかもしれませんが、どんなことができるのかは把握しておく
ことがおすすめです。いつか、あなたをサポートしてくれる心づよい存在になると
きが来ます。

これで解決

データ抽出にはQUERY関数を使いましょう。

構文

=QUERY(データ, クエリ, [見出し])

データ：もとになるデータの範囲
クエリ：データをどのように抽出・操作するかの指定
見出し 任意項目：データの上部にある見出しの行数

FILTER関数でも特定条件でのデータ抽出はできますが、QUERY関数にはより
高度でパワフルな機能がたくさんあります。例えば、「A−D列の中でA列が〇〇〇
と一致するデータのうち、B列の値のみを抽出したい」というケースにも自由自在

に対応できます。

　また、データの行の並び替えも可能です。FILTER関数を使う場合は並び替えにはSORT関数を組み合わせる必要がありますが、QUERY関数では1つの関数内で表現することができ、非常にシンプルで明解な数式になります。これ以外にも、列の並び順も自由自在に指定ができるなど、パワフルな機能がいくつもある関数です。データ抽出に欠かせない関数ですので、しっかりおさえておきましょう。

 解説

　それでは実際にやってみましょう。

✚ 使用例

　売上データから「みかん」のデータを抽出したい場合は下記のように数式を入力します。

```
=QUERY(A:E,"select * where B = 'みかん'")
```

● G1セルに数式を入力

　そうすると、B列が「みかん」のデータのみ抽出されます。

● QUERY 関数の結果

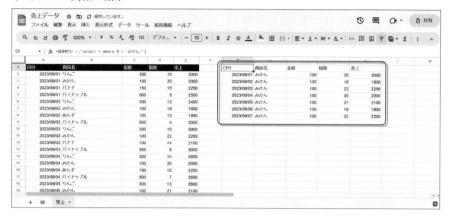

　さて、「select」や「where」といったなじみのないキーワードが登場しましたね。数式の意味をひとつずつ確認して、マスターしていきましょう。

データ範囲

　まず、第1引数の「A:E」は、データ抽出のもとになる範囲の指定です。「A1:E30」「A1:E50」と特定行数までの範囲指定をすることもできますが、その場合はデータ行数が増えるたびに数式の範囲指定も修正する必要が発生し、手間がかかるのはもちろん、反映漏れのリスクが生まれるため、「A:E」と列全体を指定するのがおすすめです。

● もとになるデータ範囲を指定

```
ƒx  =QUERY(A:E,"select * where B = 'みかん'")
```

クエリ

　つぎに「"select * where B = 'みかん'"」はクエリと呼ばれるもので、データをどのように抽出するかの指定です。（各キーワードの間のスペースは、必ず半角で入力してください。全角だとエラーになります）

● データの条件を指定

```
fx  =QUERY(A:E,"select * where B = 'みかん'")
```

　「select」は抽出する列の指定をするキーワードで、「アスタリスク(*)」は「すべての列」を意味します。特定の列のみを抽出したい場合は、カンマ(,)区切りで指定することができます。例えば、A , B , E列の「日付・商品名・売上」のデータのみを抽出したいときは、下記の数式を入力します。

```
=QUERY(A:E,"select A,B,E where B = 'みかん'")
```

● QUERY関数の結果

　さらに、列の並び順は自由に指定することが可能です。「select」で指定する列はアルファベット順に記載する必要はなく、自分が表示したい順で並べることができます。例えば、下記の数式のように「select A , E , B」とすると、もともとのデータから「商品名」と「売上」の順を逆に表示することができます。

```
=QUERY(A:E,"select A,E,B where B = 'みかん'")
```

● QUERY関数の結果

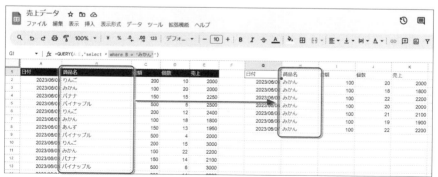

QUERY関数は「セル範囲から一部データを抽出したい」というシーンだけではなくシーンだけではなく「もともとあるデータの体裁を変更したものが欲しい」というシーンでも活躍してくれる、とても優秀な関数です。

つづいて、「where」は「どこのデータを抽出するのか」という条件の指定をする句です。「 where B = 'みかん' 」はB列が「みかん」と等しいものという条件を表しています。また、「 'みかん' 」としているように、whereの中に文字列の指定をする場合はシングルクォート（'）で囲うのがルールです。

● B列が「みかん」に等しいデータを抽出

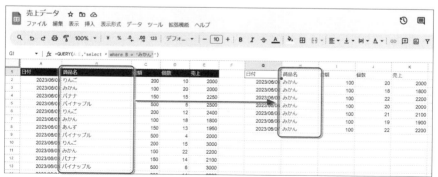

また、イコール（＝）以外の演算子も用意されています。例えばB列が「みかん」

ではないデータを抽出したい場合は「 where B <> 'みかん' 」もしくは「 where B != 'みかん' 」で、「B列が 'みかん'と等しくない場合」という条件を表現できます。（ <> と != は同じ意味のため、どちらを使ってもよいです）

```
=QUERY(A:E,"select * where B <> 'みかん'")
```

この他にも演算子はさまざま用意されています。すべてを暗記する必要はありませんが、「こんなこともできた気がするな」と必要なときに頭の引き出しから取り出せるように目を通しておきましょう。余裕のある方は、いくつか試して使ってみてください。実際に使ってみると理解がぐっと深まります。

● 演算子一覧

演算子	説明	使用例	解説
<	より小さい	where E < 2000	E列が2000より小さい
<=	以下	where E <= 2000	E列が2000以下
>=	以上	where E >= 2000	E列が2000以上
>	より大きい	where E > 2000	E列が2000より大きい
=	等しい	where E = 2000	E列が2000と等しい
<> or !=	等しくない	where E <> 2000	E列が2000と等しくない
is null	空白である	where A is null	A列が空白である
is not null	空白でない	where A is not null	A列が空白でない
starts with	～から始まる	where B starts with 'りん'	B列が「りん」から始まる
ends with	～で終わる	where B ends with 'ナナ'	B列が「ナナ」で終わる
contains	～を含む	where B contains 'ん'	B列に「ん」を含む
like	パターンに一致する _ : 任意の一文字 % : 0文字以上の任意の文字	where B like '_ん_'	B列が真ん中に「ん」を含む3文字である
matches	正規表現のパターンに一致	where B matches '.*ん'	B列が「ん」で終わる

また、複数条件を組み合わせることも可能です。例えば「B列がみかん、かつE列が2000より大きい」データを抽出したい場合は、次のように条件を「and」でつなぎましょう。（AND条件）

```
=QUERY(A:E,"select * where B = 'みかん' and E > 2000")
```

「B列がみかん、またはE列が3000より大きい」データを抽出したい場合は「or」でつなぎましょう。(OR条件)

```
=QUERY(A:E,"select * where B = 'みかん' or E > 3000")
```

ステップアップ Point

QUERY関数の基本の使い方を学んできました。より業務で活用するために知っておくと良いポイントが3つあるので紹介します。ただ、+αの要素になるので「ちょっと頭が混乱しそうだな」という方は読み飛ばしていただいても問題ありません。その場合は「まだまだ便利に使えるらしい」ということだけ頭に残して次に進んでください。

日付を条件としてデータ抽出する

日付を「where」の条件として指定するには2つのルールを守る必要があります。それは「date」を入れて日付であることを明確にして、指定する日付の形式を「yyyy-MM-dd」にすることです。例えば、A列が「2023/06/01」のデータのみ抽出したい場合は、下記の数式を入力します。

```
=QUERY(A:E,"select * where A = date '2023-06-01'")
```

● QUERY関数の結果

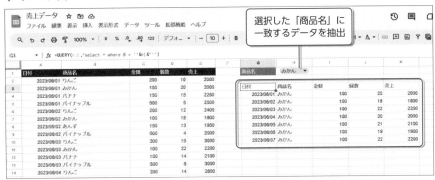

このルールを守っていないと、日付データだと認識されずにうまく抽出すること
ができないので、しっかりおさえておきましょう。

■クエリにセル参照を含める

クエリにはセル参照を含めることも可能です。例えば、H1セルで選択した商品
名にあわせてデータ抽出をしたいといったケースです。

● イメージ図

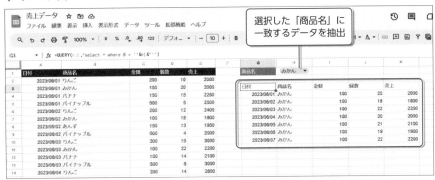

セル参照は「"&セル番号&"」で表現します。少し記号が多くなりますが、ダブル
クォート(")とアンド(&)で囲うのがルールです。この記号を付けないとセル参照で
はなく、ただの文字列とみなされてしまうので注意が必要です。例えば、H1セルに
記載している商品名でデータを抽出したい場合は、次の数式を入力します。

```
=QUERY(A:E,"select * where B = '"&H1&"' ")
```

　また、これを応用するとクエリの中に、他の関数を組み合わせることも可能になります。例えば、A列が「今日」に一致するデータのみを抽出したい場合は、下記の数式で表現できます。（日付条件なので「date」を入れて、TEXT関数を使って「yyyy-MM-dd」形式にしています）

```
=QUERY(A:E,"select * where A = date '"&TEXT(TODAY(),"yyyy-MM-dd")&"' ")
```

　はじめは記号が多くて少し戸惑うかもしれませんが、セル参照や他関数の組み合わせもできるようになると、より自由度高くさまざまなデータ抽出の手間を削減できるので、少しずつ習得していきましょう。

✚ データを並べ替える

　ここまで「select」「where」について学びましたが、これはクエリの構成要素である「句」と呼ばれるものの一種で、他にもいろいろと用意されています。最後に句の一覧を紹介しますが、**特によく使うデータの並び替えができる「order by」を紹介します。**

　使い方はとてもシンプルで、例えば、E列売上の降順で並び替えたい場合は「order by E desc」で表現できます。「desc」はdescendingの略で降順を表すキーワードです。

```
=QUERY(A:E,"select * where B = 'みかん' order by E desc")
```

● QUERY関数の結果

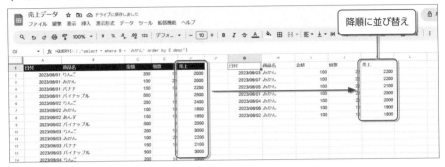

降順に並び替え

昇順にしたい場合は「asc」で表現できますが、省略することも可能です。「order by E」とすればE列昇順で並びます。

```
=QUERY(A:E,"select * where B = 'みかん' order by E")
=QUERY(A:E,"select * where B = 'みかん' order by E asc")
```

● QUERY関数の結果

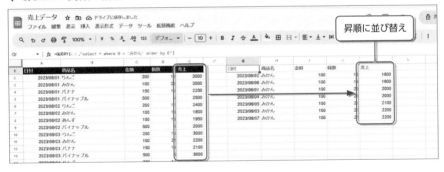

昇順に並び替え

複数の列を基準に並べ替えたい場合は、条件を優先順にカンマ（ , ）区切りで指定することで表現できます。例えば、E列売上を降順・C列金額を昇順で並び替えたい場合は「order by E desc, C asc」とします。（昇順のascは省略可能です）

```
=QUERY(A:E,"select * where B = 'みかん' order by E desc,C asc")
```

抽出したデータを見やすくするために、並び替えは非常に重要なポイントなので「order by」も積極的に活用していきましょう。

● 句の一覧

句	説明	使用例	解説
select	抽出する列とその順序	select *	範囲内すべての列
where	抽出する行の条件	select * where E = 2000	E列が2000と等しい行
order by	範囲の並べ替え	select * order by E desc	E列降順で並べ替え
limit	抽出する行数の制限	select * order by E desc limit 5	抽出したデータの上から5件を表示
group by	ピボット集計（行の指定）※集計関数と組み合わせて使う	select B, sum(E) group by B	B列を行（軸）に、E列の合計を集計
pivot	ピボット集計（列の指定）※group byと組み合わせて使う	select A, sum(E) group by A pivot B	A列を行・B列を列に、E列の合計を集計
label	列のラベルを設定	select B, sum(E) group by B label sum(E) '売上金額'	sum(E)のラベルを「売上金額」として表示
format	特定の列の値を書式設定	select * format E '¥#,##0'	E列の書式を「¥#,##0」に設定

名前から苗字だけ抜き出したい。
文字列の一部だけ抜き出すには?

文字抽出の達人になれる REGEXEXTRACT関数
+α REGEXMATCH関数, REGEXREPLACE関数

テキストから一部の文字列だけ抽出したいときは、どうすればいい?

悩みポイント

　スプレッドシートやExcelでデータ処理をしていると「氏名から苗字を抜き出したい」「メールアドレスからドメインを抜き出したい」というように、テキストから一部の文字列を抽出したいというシーンがよくあります。単純なルールから成り立つものであれば一括で置換できることもありますが、定期的に発生する業務の場合は都度の手作業が発生し、複雑なルールの場合は置換作業に手間がかかってしまいます。そんなとき、「REGEXEXTRACT関数」を使えば1つの関数で直感的な記述でデータ抽出することができます。

● イメージ図

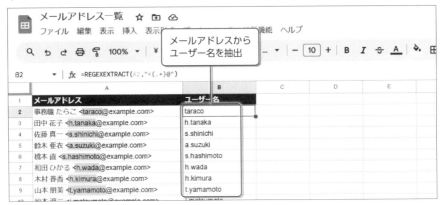

　文字列の抽出はFIND関数・MID関数・LEFT関数などの組み合わせでも実現することができますが、複雑なルールになればなるほど関数をたくさん組み合わせる

必要があるため、パッと見ても何を意味しているのか読み解くのが大変な数式になってしまうことがあります。例えば、これらの関数を使って、前図と同じようにメールアドレスからユーザー名を抽出する場合は、下記の数式になります。

=MID(A2, FIND("<", A2)+1, FIND("@", A2)-FIND("<", A2)-1)

これで解決

文字列の抽出にはREGEXEXTRACT関数を使いましょう。

構文

=REGEXEXTRACT(テキスト, 正規表現)

テキスト：もとになる文字列

正規表現：抽出したい部分を特定するためのパターン（これにマッチする最初のテキストが
返される）

REGEXEXTRACT関数では「正規表現」という表現方法を使って、抽出したい文字列を表します。Excelで「 ＊ ／ ？ ／ ～ 」の記号はワイルドカードと呼ばれ、あいまい検索ができますが、**正規表現はワイルドカードの親戚のようなもので、特別な意味を持つ記号を組み合わせて、より自由度の高い検索ができます。**

● 正規表現の一例

記号	意味
\d	半角数字 1文字
\D	半角数字以外の 1文字
.	任意の 1文字
+	直前の文字の1回以上の繰り返し

「正規表現」という言葉を聞いたことがある方は「むずかしいもの」という印象がある方が多いと思いますが、実は、その仕組みを知れば誰でも使いこなすことができるものです。はじめのうちは記号がたくさん出てきて、さながら外国語のよ

うに感じることもあるかもしれませんが、**ひとつひとつの記号の意味をしっかりと理解すれば、誰でも使いこなすことができるものです。**

また、正規表現が活躍するのは「REGEXEXTRACT関数」だけではありません。他にも、**正規表現を使って文字列置換ができる「REGEXREPLACE関数」**や、**指定文字列を含むかどうかの判定ができる「REGEXMATCH関数」**が存在したり、第3章から出てくるGoogle Apps Scriptでも大活躍です。これをきっかけに正規表現を味方にしていきましょう。

 ## 解説

それでは実際にやってみましょう。

➕ 使用例.1

「氏名 <メールアドレス>」のデータから、「<メールアドレス>」を抽出したい場合は下記のように数式を入力します。

```
=REGEXEXTRACT(A2,"<.+>")
```

● B2セルに数式を入力

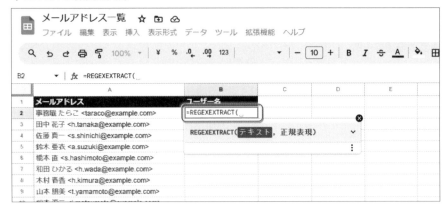

● RGEXEXTRACT 関数の結果

　正規表現である「 "<.+>" 」が何を意味しているのか、順に確認しましょう。まず、**先頭と末尾についているダブルクォート(")は「ここからここまでが正規表現ですよ」という印です。**スプレッドシートでは数式内に文字列を入れる場合はダブルクォート(")で囲うのがルールですが、正規表現も文字列として記述する必要があります。

　つづいて、ダブルクォートで囲まれている「**<.+>**」という部分は、「 "<" から ">" までの文字列」を意味しています。「.+」で任意の1文字以上の文字列を表すことができるので、抽出したい「<メールアドレス>」を「<.+>」で表現しています。

記号	意味
.	任意の 1文字
+	直前の文字の1回以上の繰り返し

➕ 使用例.2

　「氏名 <メールアドレス>」のデータから、「メールアドレス」のみを抽出したい場合は下記のように数式を入力します。使用例.1では「<>」が付いた状態でしたが、メールアドレス単体を抽出するケースです。

```
=REGEXEXTRACT(A2,"<(.+)>")
```

● RGEXEXTRACT関数の結果

　使用例.1との違いは「<(.+)>」というように、メールアドレスにあたる「.+」が括弧で囲まれている点です。括弧を使わない場合は、正規表現でマッチした全体が抽出されますが、**括弧を使うと囲んでいる箇所のみを抽出することができます。**これはキャプチャグループという機能です。

　キャプチャグループを活用し、下記のように数式を入力するとユーザー名の抽出も簡単にできます。「<(.+)@」で「 "<" から "@" までの文字列」を表現しています。

```
=REGEXEXTRACT(A2,"<(.+)@")
```

● RGEXEXTRACT関数の結果

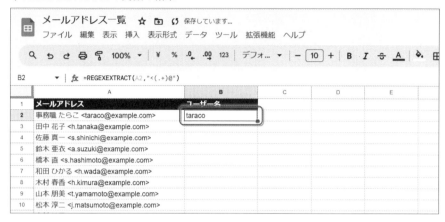

さらに、括弧は何度も使うことが可能です。下記のように記述をすれば、名前とメールアドレスを1つの数式で抽出することが可能です。

```
=REGEXEXTRACT(A2,"(.+)<(.+)>")
```

● RGEXEXTRACT関数の結果

正規表現はとても奥深く、他にも特別な意味を持った記号がたくさん存在します。ですが、はじめから全部を覚える必要はありません。まずはここまでに紹介した「.+」で任意の1文字以上の文字列を表せること、括弧を使うと囲んでいる箇所

のみを抽出することができることをおさえて使ってみましょう。「この記号だけでは
やりたいことを表現できない」となったときに、必要な記号をChatGPTやウェブ検
索などで調べて、少しずつ引き出しを増やしていきましょう。

Step Up! ステップアップ Point

　ここまでに「REGEXEXTRACT関数」の基本の使い方を学び
ました。さまざまなデータに対応するために特に知っておくと
よいポイントが4つあるので紹介します。

🔷 特殊記号を、単純な文字列として扱う（エスケープ）

　正規表現は特別な意味を持った記号（特殊記号）を組み合わせることで、テキ
ストのパターンを表現するものだと学んできました。ただ、特殊記号に該当するも
のを単純な文字列として扱いたいときもあります。

● 例：特殊記号の「括弧」で囲われた文字列を抽出したい場合

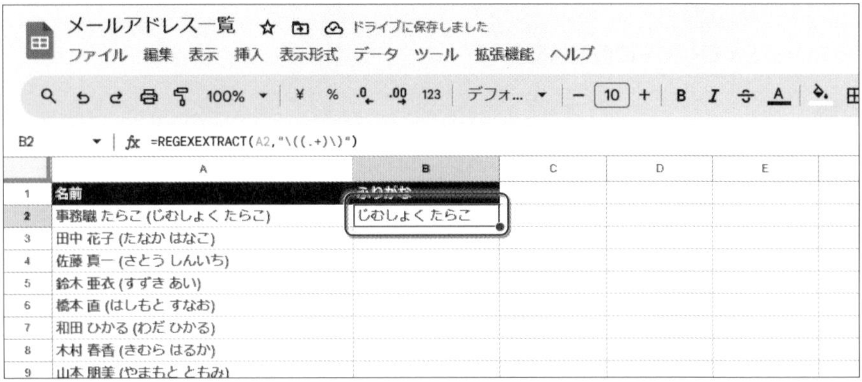

　上図のように、括弧に囲まれた文字列を抽出したい場合に、「"(" から ")" まで
の文字列」として、文字列の中に含まれる括弧もそのまま記述すると、これもキャプ
チャグループの特殊記号と解釈されるので、意図通りの結果になりません。

```
=REGEXEXTRACT(A2,"((.+))")
```

● 「括弧」は特殊記号と見なされて、結果が反映

　この問題を解消するために、**特殊記号を単純な文字列として扱いたい場合は、その記号の前にバックスラッシュ（ \ ）を付けます。**これは「エスケープ」と呼ばれ、特殊記号として解釈されることを回避できる機能です。「 \((.+)\) 」と指定をすれば「 "(" から ")" までの文字列」を表現できます。

```
=REGEXEXTRACT(A2,"\((.+)\)")
```

● RGEXEXTRACT関数の結果

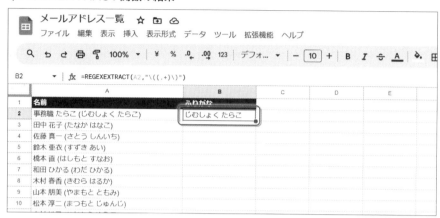

「正規表現を使って抽出した結果がなぜか意図通りではない」という場合は、文字列として扱いたい記号が、エスケープする必要があるものかを調べてみると解決できるケースもあるので覚えておきましょう。(「正規表現　エスケープ」などのキーワードで調べるとヒットします)

🔵最長一致と最短一致

次は、「https://www.example.com/some/path?query=string」からドメイン名「example.com」を抽出したいケースを考えてみましょう。

ドメイン名は「 "https://www." から "/" までの文字列」のため、下記の数式で表現すると考えることができるのですが、実はこれでは意図通りの結果にならず「example.com/some」が抽出されてしまいます。(ドット(.)は特殊記号のため、「www.」は「www\.」とバックスラッシュ(\ )でエスケープしています)

NG例

```
=REGEXEXTRACT(A2,"https://www\.(.+)/")
```

● RGEXEXTRACT 関数の結果

　なぜかというと、正規表現は「条件に合う最も長い文字列」を探し出すように働きます。これは「最長一致」と呼ばれる仕様です。「"https://www." から "/" までの文字列」でもっとも長くマッチする範囲は「https://www.example.com/some/path?query=string」の青字部分になるため、上図の結果になっています。

　では、ドメインを抽出したいときにどうするかというと、「**最短一致**」になるよう指示を追加します。最短一致とは最長一致の逆で「条件に合う最も短い文字列」を探し出すための命令です。**最短一致はマッチさせたい表現の末尾に「？」をつけて表現します**。今回の場合だと「"https://www." から "/" までの最短一致」にしたいので、下記の数式で表現できます。

OK例

```
=REGEXEXTRACT(A2,"https://www\.(.+?)/")
```

● RGEXEXTRACT 関数の結果

百聞は一見に如かずですので、ぜひ実際にREGEXEXTRACT関数を使って文字列抽出を試してみてください。正規表現はすんなり表現をひらめくこともあれば、なかなかうまくいかずに悩むことも出てくると思います。そんなときは少し記号の位置を変えてみたり、試行錯誤してみると道がひらけることがあるので、一発でうまくいかなくてもあきらめずに色々と挑戦してみてください。

✚「REGEXMATCH関数」でマッチする文字列が含まれるか判定する

　ここからは+αで別関数の紹介をしていきます。紹介するのは「REGEX〜関数」で同じく正規表現を使った文字列操作ができる関数です。(REGEXとは正規表現を意味する単語です)

　まずは**正規表現にマッチする文字列が含まれるかどうかの判定ができる**「REGEXMATCH関数」です。

構文

=REGEXMATCH(テキスト, 正規表現)

テキスト：検証対象の文字列
正規表現：含むかどうかを判定する文字列のパターン

　正規表現にマッチする文字列を含む場合は「TRUE」を、含まない場合は「FALSE」を返す関数です。使い方はREGEXEXTRACT関数と同様で、例えばメールアドレスに「@example.com」を含むかどうかを判定したい場合は次の数式になります。

=REGEXMATCH(A2,"@example.com")

● REGEXMATCH関数の結果

「REGEXREPLACE関数」で文字列置換をする

さいごに、正規表現を使って文字列置換をすることができる「REGEXREPLACE関数」です。

構文

=REGEXREPLACE(テキスト, 正規表現, 置換)

テキスト：置換対象の文字列
正規表現：置換したい部分を特定するためのパターン（マッチする全てのテキストが置換される）
　　置換：置換後の文字列

例えば、メールアドレス情報から名字を抽出して「名字さん」と置換したい場合は次の数式になります。名字と名前の間には半角スペースが入っているため、半角スペース以降すべての文字列を示す「 .+」を「さん」に置換することで表現できます。

=REGEXREPLACE(A2," .+","さん")

● REGEXREPLACE関数の結果

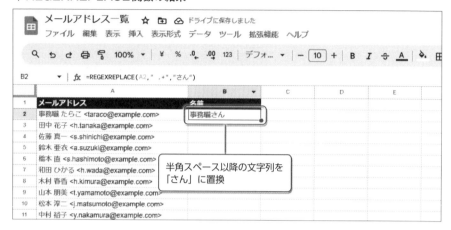

さらに、REGEXREPLACE関数は単純な置換ができるだけではありません。キャプチャグループを活用すると、グループ化した文字列を使って、新しい文字列を生成することも可能です。例えばアルファベット表記の名前が「姓→名」の順で記載されていて、これを「名→姓」に書き換えたいケースを考えましょう。この場合は次の数式で実現できます。（記号と数字だらけですが、それぞれが意味を持っています）

```
=REGEXREPLACE(A2,"(.+) (.+)","$2 $1")
```

● REGEXREPLACE関数の結果

まず「(.+) (.+)」で姓と名、それぞれをグループ化しています。そうすると、グ
ループ化した順にその結果が「$1,$2,$3…」に保存されます。実際に、下記の
数式で「$1」「$2」に入っているデータをそれぞれ確認してみましょう。

=REGEXREPLACE(A2,"(.+) (.+)","$1")

● 「$1」には1つめのグループである「姓」が入っている

=REGEXREPLACE(A2,"(.+) (.+)","$2")

● 「$2」には2つめのグループである「名」が入っている

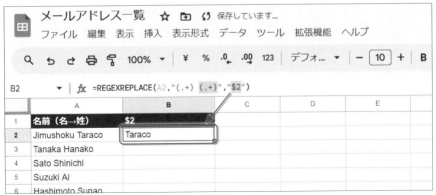

上記の通り、グループ化した順にその結果が「$1,$2,$3…」に保存されるため、

置換後の文字列で「$2 $1」と指定をすると「名→姓」に書き換えることができます。REGEXREPLACE関数を使うと単純な置換はもちろん、文字列内の各要素を使ったデータ生成も自由自在にできるので、この点もおさえておきましょう。(今すぐに使いこなせなくても大丈夫ですので、余裕があるときに復習してみてください)

02-06

ウェブの情報をスプレッドシートにまとめたい。簡単にデータを集めるには?

Webページのデータを自動取得 IMPORTHTML関数

Webページのデータを取得して利用したいときは、どうすればいい?

悩みポイント

　情報収集やデータ分析のためにWebページ上のデータをコピーをしてExcelやスプレッドシートに転記して作業する必要があるというようなシーン。ページ数やデータ量が多い場合や、定期的にその作業が発生する場合は手間も時間もかかってしまいます。スプレッドシートにはWebページ上から特定のデータを取得できる「IMPORTHTML関数」が用意されていて、これを使えばURL指定だけでそのデータを取得することができます。

● イメージ図

　ただ、IMPORTHTML関数は非常に便利な関数ですが、全てのWebページのデータを制限なく取得できるわけではなく、**データ取得しようと思ったページが関数に対応しておらず、活用できないということもあります。**また、いわゆるスクレイピングと呼ばれる行為に該当するため、**各サイトの利用規約などに則って利用する必要があります。**

　ここだけ読むと「制約が多くて使いづらそうだな」と感じると思います。まさに、そういったハードルは少なからずあるものの、Web上の情報を手軽に取得で

きるIMPORTHTML関数の存在を把握しておくと、「IMPORTHTML関数があるなら、他にもこんなことができる関数もあるかもしれない!」とひらめくきっかけになるので、ここで紹介します。スプレッドシートのポテンシャルを知るという意味で、使い方をおさえておきましょう。

 **これで解決**

　　Webページからのデータ抽出にはIMPORTHTML関数を使いましょう。

構文

=IMPORTHTML(URL, query, index)

URL:	データ取得するページのURL
query:	取得するアイテムの種類("list"か"table"で指定)
index 任意項目:	取得するアイテムがHTMLソース内で何番目に位置するか

　詳細は後ほど解説しますが、IMPORTHTML関数で取得できるのはページ内の箇条書きリスト(list)もしくは表形式のテーブルデータ(table)のみです。ページ内の全てのデータを自由自在に取得することはできません。「使えるシーンはものすごく限られるのでは?」と思いますよね。まさにその通りで、実は他にもWeb上のデータを取得することができる関数が用意されています。

● 関数一覧

関数名	説明	構文
IMPORTDATA	指定したURLのデータをcsv,tsv形式で取得	=IMPORTDATA(URL)
IMPORTXML	Webページから指定のXPathクエリに一致する要素を抽出 (リスト・テーブルに限らず要素を取得できる)	=IMPORTXML(URL, XPathクエリ)
IMPORTFEED	RSS フィードや Atom フィードの情報を取得	=IMPORTFEED(URL, [クエリ], [見出し], [アイテム数])

　本書では、最もシンプルな「IMPORTHTML関数」を紹介します。

解説

それでは実際にやってみましょう。

◆ 使用例

秀和システムの「これからでる予定の新刊」の表を取得してみましょう。

● https://www.shuwasystem.co.jp/news/n27546.html

A1セルに数式を入力します。取得したいデータは表形式のため、第2引数の queryには「table」を指定しています。

```
=IMPORTHTML("https://www.shuwasystem.co.jp/news/n27546.html","table")
```

● A1セルに数式を入力

　数式を入力すると、「これからでる予定の新刊」の表データが反映されます。とても簡単ですね。

● IMPORTHTML関数の結果

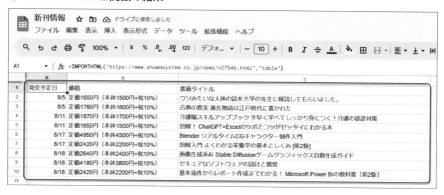

　もうひとつ、試してみましょう。秀和システムのTOPページから新刊一覧を取得します。

● https://www.shuwasystem.co.jp/

　このデータはリスト形式のため、第2引数のqueryには「list」を指定します。取得したいデータが「table」「list」「それ以外」なのかは、HTMLで確認することもできますが、実際に数式に「table」「list」と入力してみて、どう指定すると欲しいデータを取得できるのかを見てみるのがお手軽です。

```
=IMPORTHTML("https://www.shuwasystem.co.jp/","list")
```

● IMPORTHTML関数の結果

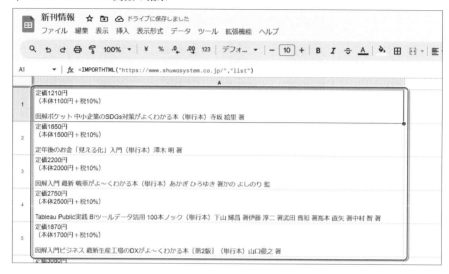

　私たちがいつもChromeなどのブラウザで閲覧しているWebページの正体は「HTML」と呼ばれるテキスト文章で、IMPORTHTML関数はHTML内から特定要素（list / table）を取得します。

　「HTML」はブラウザで、F12キーを押下すると立ち上がるデベロッパーツール（DevTools）で確認することができます。

　ここまで、第3引数は省略していました。取得するアイテムがHTMLの何番目に位置しているかの指定ができる引数ですが、省略すると、スプレッドシートが自動で適当なアイテムを抽出してくれるので、まずは指定をせずにお任せして、取得される結果を確認してみるのがおすすめです。この位置もHTMLで確認することができますが、欲しいデータではなかった場合は、第2引数と同じように「1、2、3…」と実際に入力してみて、出力された結果を見てみるのがお手軽です。

　例えばTOPページのシリーズ一覧は、次の数式を入力すると出力できます。何番目のアイテムかわからなくても「1、2、3…」と実際に入力して試してみることで、指定すべき番号を知ることができます。

```
=IMPORTHTML("https://www.shuwasystem.co.jp/","list",3)
```

● https://www.shuwasystem.co.jp/

● IMPORTHTML 関数の結果

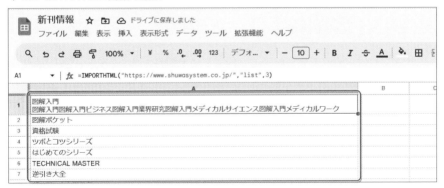

ステップアップ Point

　とても便利なIMPORTHTML関数ですが、実は制約も多く、データ取得ができないケースがあります。ここではどのような場合にデータ取得ができないのか、そして活用する上での注意事項をお伝えします。

■ データ取得ができないケース

IMPORTHTML関数のデータ取得には次の2つの制約があります。指定した条件で取得できない場合は「#N/A」のエラーが表示されます。

まず「ログインが必要なページ」の取得はサポートされていません。ログイン情報を渡す機能は執筆時現在では存在しないため、取得することはできません。誰でもアクセスができる公開ページからのみデータ取得が可能という点をおさえておきましょう。

またログインの必要がない公開されているページでも、**JavaScriptというWebページをインタラクティブ（動的）なものにするためのプログラミング言語で表示されているコンテンツは取得することができません。**JavaScriptの詳細を理解する必要はありませんが、例えばSNSのユーザー投稿やECサイトの在庫状況をリアルタイムに表示するために使われることがあります。これらのコンテンツはHTMLが読み込まれた後にJavaScriptが動作して初めて生成されます。しかし、**IMPORTHTML関数が取得するのはJavaScriptが動作する前の静的なHTMLデータ**のため、それによって表示されているデータを取得することはできません。

■ 活用するときの注意事項

IMPORTHTML関数ではWebページのデータ取得ができますが、これはスクレイピングと呼ばれる行為に該当します。Webサイトによってはスクレイピングを許可していない場合があります。**そのため利用する際はそのサイトがスクレイピングを許可しているか、また許可されている場合でもその使用目的が規約に反しないかを、利用規約などで事前に確認することが重要です。**

また、大量のデータを短時間に取得する行為は、サイトのサーバーに負荷をかけることになりますので、節度を持って利用するようにしましょう。

第3章

あらゆる業務の
効率化を実現する
Google Apps
Script

さあ、可能性を広げよう

はじめに わくわくする未来にむかって

　ここからは、プログラミング言語のひとつであるGoogle Apps Script（GAS）の紹介します。詳しくはこの後に解説していきますが、初心者にも扱いやすく、幅広い業務を自動化することができる入門にぴったりな言語です。Googleアプリの操作はもちろん、SlackやChatGPTなどの外部サービスの操作を自動化したり、これらを連携することも可能です。

　「プログラミング」と聞くとハードルがあるように感じる方もいるかもしれませんが、実は、スプレッドシート関数の使い方と共通していることも多くあります。プログラミングがはじめての方も多いと思いますが、きっと想像よりもはるかにシンプルなことに驚き、使いこなせるようになったときの未来を想像してわくわくするはずです。みなさんの中に眠っているポテンシャルを、一緒に引き出していきましょう。

● 例：実践 -5 スプレッドシートのデータを元に、スライド資料を自動作成

業務効率化の新常識
Google Apps Script

いったい何ができるの？

Google Apps Script（GAS）では、業務で扱う各種アプリの操作を自動化することができます。Googleが提供しているスプレッドシートやドキュメント、カレンダーなどはもちろん、それ以外のSlackやChatGPTなどの外部サービスも操作することができます。できることは多岐に渡り、活躍する場所は開発者の工夫次第で無限に広がります。

また、実現できるのは業務自動化による生産性向上だけではありません。機械に作業を任せることで人的ミス防止につながり品質向上が見込めるほか、「こういう機能/ツールがあったらいいのに」という自由なアイデアを実現できるため、新しい価値創造にもつながります。各アプリをつないで作業を楽に、そして手作業では実現がむずかしいような新しいアイデアを形にすることが可能になります。ここでは特に主要な用途をいくつか紹介します。

Google Apps Scriptで実現できる4つのこと

Googleアプリの操作/連携

まず、スプレッドシートやドキュメント、カレンダーなどのGoogleが提供している各種アプリの操作ができます。手動で実施できる操作のほとんどは実行可能で、「スプレッドシートのデータを元に、スライド資料を生成する」「スプレッドシートの顧客リストに、営業メールを一括送信」というようにアプリ同士を連携させることも可能です。これについては、第3章と第4章の実践問題を通して解説をしていきます。

● 例 (ごく一部をピックアップ)

アプリ	操作
スプレッドシート	・新規シートの作成や削除 ・セルの値の読み取りや書き込み ・セルの値に基づいた計算などの処理
ドキュメント	・テキストの挿入や削除 ・テキストの読み込み ・スタイル (フォントサイズ、色、下線等) の変更
スライド	・新規スライドの作成 ・既存スライドのコピーや削除 ・テキストボックスや図形、画像の挿入
Gmail	・新規メールの送信 ・受信メールの情報取得 ・添付ファイルの保存
ドライブ	・ファイルやフォルダの新規作成、コピー、移動、削除 ・Excel,CSV ファイルのデータ取得 ・動画のサムネイル画像生成
カレンダー	・新規イベントの作成、編集、削除 ・既存イベントの情報取得 ・ゲストの追加や権限変更
フォーム	・新規フォームや質問の作成 ・既存の質問の編集や削除 ・回答データの取得

外部サービスの操作/連携

　また、SlackやChatGPTなど、Googleが提供しているアプリ以外のサービスの操作も「API」というものを利用することで可能になります。「API」は聞きなじみがない言葉かもしれませんが、「UI」と比較するとイメージがしやすくなります。

　「UI」とは「User Interface」の略称で、私たち人間のユーザーが、サービスやソフトウェアの機能を使うための場所 (画面) のことです。例えばChatGPTを使いたいときはChatGPTの画面を開いたり、LINEでメッセージのやりとりをするときはLINEの画面を開くように、私たちがいつも操作している画面こそが「UI」です。

　これに対して、「API」とは「Application Programming Interface」の略称で、アプリケーションやプログラムがそのサービスを使うための場所のことです。これを使うと、GASなどのプログラム経由で、サービスの各種機能を使うことが可能になります。例えば、ChatGPTの画面 (UI) を開かずとも、ChatGPTに質問や命令をして、回答を受け取るといったことができます。幅広い用途に活用できるGAS

ですが、ブラウザ（UI）を直接的に操作して、Webページ上でボタンをクリックしたり、フォームを入力することはできません。「API」はこの代替策となり、これを利用することで様々なサービスの操作が可能になります。（ただ、UIでできるすべての操作が同じようにAPIでもできるとは限らず、どのような処理ができるかはサービスによって異なります）

　規模の大きいサービスだとAPIが提供されていることがほとんどですが、残念ながら提供されていない（APIが存在しない）場合もあります。気になるものがあれば「Slack API」「ChatGPT API」などのキーワードで検索して調べてみましょう。（無料で公開されているものもあれば、有料のものもあります）

　また、**APIを活用できるのは私たちが日常的に利用しているサービスだけではありません。**天気情報を取得できるものや、テキストの感情分析ができるものなど、多岐にわたるAPIが存在します。これらを組み合わせると業務自動化の幅もぐっと広がるので、「API 一覧」などのキーワードで検索して、どのようなAPIが存在するのかを、ぜひ一度調べてみましょう。APIの使い方については、第5章で解説します。

● APIの例

サービス名	URL	概要
DeepL API	https://www.deepl.com/ja/docs-api	DeepLの機械翻訳技術で高精度に翻訳できる
OpenWeatherMap API	https://openweathermap.org/api	天気予報など気象データを取得できる
郵便番号検索API	https://zip-cloud.appspot.com/doc/api	郵便番号から住所を取得できる
COTOHA API	https://api.ce-cotoha.com/contents/api-all.html	感情分析などの各種テキスト解析や音声処理ができる

✚ Webページのスクレイピング

　Webページのデータ取得を行う「スクレイピング」も、GASで実現することができます。第2章で紹介したIMPORTHTML関数もスクレイピングを実現する関数でしたが、抽出できるのは「list」か「table」の限られた要素のみでした。一方で、GASを使うと様々な要素を自由自在に抽出することが可能です。（※スクレイピングを行う際は、手法に関係なく各サイトの利用規約などを確認し、適切に行いま

しょう）

　スクレイピングについては、本書では解説しませんが、『Google Apps Script ク
ローリング&スクレイピングのツボとコツがゼッタイにわかる本』（秀和システム、
2023年）で詳しく解説されていますので、興味のある方はそちらに進んでみてく
ださい。

✚ Webページの作成/公開

　さらに、Webページの作成および公開も可能です。通常、Webページを公開
するためには「サーバー」を用意する必要があり、それにはコストがかかるのです
が、GASを使うとGoogleのサーバーを無償で利用することができるため、コストや
その手配の手間をかけることなく公開することができます。こちらついても、本書
では解説しませんが、『Google Apps Script Webアプリ開発 超入門』（秀和システ
ム、2018年）で詳しく解説されていますので、興味のある方はそちらに進んでみて
ください。

03-03

革命的なハードルの低さが魅力

Q

どうしてGASが選ばれるの？

世の中には数多くの業務効率化・自動化の手段がある中で、どうしてGASが選ばれるのでしょうか。それには理由があります。

A

ハードルの低さがいちばんの魅力

とにかく低い導入ハードル

GASはGoogleアカウントさえあれば、誰でも無料で使うことができます。特別な準備や設定も不要で、Googleドライブやスプレッドシートを使用するのと同じ感覚で、気軽に使い始めることができます。

他のプログラミング言語の場合は「環境構築」と呼ばれる、開発に必要な各種ツールのインストールなどの対応が必要で、使うための準備が発生します。これがなかなかうまくいかずに苦労することも少なくありません。GASではこういった準備の手間をかけることなく、画面を開くだけで使い始めることができます。

● スプレッドシートから開いてはじめる

スプレッドシート
ファイル 編集 表示 挿入 表示形式 データ ツール 拡張機能 ヘルプ
100%
アドオン
マクロ
Apps Script
AppSheet
M1
A
B
C
D
H

さらに、「無料で使える」というのも大きな魅力のひとつです。他のプログラミング言語で開発する場合は、「開発したプログラムを動かす場所」が必要になることがしばしばあります。これには通常サーバーが必要となり、そこに費用が発生します。ですが、**GASの場合はGoogleのサーバーを無料で利用できるため、ここに費用は発生しません。**「ツール導入のために予算確保をして、社内稟議を通す」というような導入までにかかるハードルもなくなります。

誰でもできる習得ハードルの低さ

　プログラミングというと、よくわからない記号や単語がたくさん並んでいてむずかしいイメージがあるという方もいるかと思います。GASもプログラミング言語のひとつなので、コードを記述して使っていくものですが、**そのコードはまるで英語のように読むことができます。**

　例えば、Googleドライブにフォルダを作成したいときは、以下のコードを記述します。

```
DriveApp.createFolder("フォルダ名");
```

　また、Gmailでメールの下書き作成をするときは、以下のコードを記述します。

```
GmailApp.createDraft("宛先","件名","本文");
```

　いかがでしょう。なんとなく英語だと思って読んでみると、少し意味がわかるような気がしてきませんか？もちろん、英語が苦手でも大丈夫です。やっていくうちに少しずつ読めるようになってくるので、安心してください。

　また、スプレッドシートやドキュメントなどGoogleアプリ操作の処理を、とても簡単なコードで書くことができるのも、その特徴の一つです。他のプログラミング言語を使うと何十行とコードを書く必要がある処理も、GASがパッケージ化してくれているため、少ないコードで実現できます。

　プログラミングにかかるハードルがぐっと低くなり、誰でも手軽に使える身近な存在になったことは、まさに革命的です。

じぶんだけのアシスタントを手にいれる

どんなタイミングでGASを動かすことができるの？

GASで開発したプログラムのことを「スクリプト」と呼びますが、スクリプトを実行する方法は豊富に用意されていて、動かすタイミングは状況にあわせて設定することができます。下記に主要なものを紹介します。

スクリプトを実行する4つの方法

➕エディタから実行する

1つめは開発画面で直接実行する方法です。コードを記述する画面のことを「エディタ」と呼び、この画面上部の「▷実行」ボタンをクリックすると実行することができます。この方法は開発中に使うことが多いです。

● 開発場所の「エディタ」で実行

95

✚ トリガーで実行する

　「トリガー」とは「引き金」「起動装置」を意味する言葉ですが、GASでは「時間」と「イベント」をきっかけにスクリプトを実行することも可能です。これを活用すると、エディタを開いて「▷実行」ボタンをクリックせずとも、指定のイベントが発生したタイミングで自動で実行されるため、真の意味で「自動化」を実現できます。実践-1で実際の設定方法を紹介しますが、画面操作でポチポチっと簡単に設定することができます。

● 時間主導型トリガーの例

タイプ	設定	例
分ベース	指定した間隔（分）ごとに動かす	5分おきに実行
時間ベース	指定した間隔（時間）ごとに動かす	1時間おきに実行
日付ベース	毎日指定した時間帯に動かす	毎日午前0時〜1時に実行
週ベース	毎週指定した曜日・時間帯に動かす	毎週月曜日の午前9時〜10時に実行
月ベース	毎月指定した日付・時間帯に動かす	毎月1日の午後14時〜15時に実行
特定の日時	指定した日時に1度だけ動かす	2023/12/31 10:30に実行

● イベントトリガーの例

ソース	イベントの種類	説明
フォーム	フォーム送信時	フォームの回答が送信されたとき
ドキュメント	起動時	（編集権限のあるユーザーが）ドキュメントを開いたとき
スプレッドシート	起動時	（編集権限のあるユーザーが）スプレッドシートを開いたとき
スプレッドシート	編集時	セルの値が変更されたとき
スプレッドシート	変更時	スプレッドシートに変更が加えられたとき

✚ スプレッドシートやドキュメント上で実行する

　スプレッドシートやドキュメント上にメニュータブやボタンを設置して、クリックでスクリプトを実行することも可能です。（※ボタン設置はスプレッドシートのみで可能）

● メニューを設定して、クリックで実行

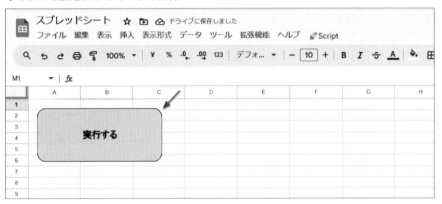

● ボタンを設定して、クリックで実行

　メニュータブの設置は専用のコードを記述する必要がありますが、ボタン設置はスプレッドシート上の画面操作でできるため、とても簡単に導入できます。「時間やイベントなどの固定のタイミングではなくて、任意のタイミングで実行したい」というシーンでは、いちいちエディタの画面を開く必要がなくなるこの方法はとても便利です。実践-5で詳細の方法を解説しますので、ぜひ習得して活用しましょう。

🔩 Webhookを受け取って実行する

　「Webhook」という聞きなじみのない単語が出てきましたが、これは、**外部サービスのイベントをトリガーにして、スクリプトを実行する方法です。**「Webhook」とはWebサービスの特定のイベントをフックにして、イベントが発生したことを他サービスに通知する仕組みのことです。これを活用すると、例えば「LINE公式アカ

ウントが友だち追加されたら〇〇〇する」「LINEにメッセージ投稿されたら〇〇〇する」というように、外部サービスで発生したイベントをきっかけにスクリプトを実行することができます。

　Webhookも API と同様で、提供されているかどうかはサービスによって異なりますが、これがある場合は自動化できることがぐんと広がります。ぜひ、普段使いしているサービスに Webhook が用意されているかを調べて、アイデアを膨らませてみましょう。ただ、少しレベルアップした内容になるため、本書では解説をしていません。『Google Apps Script のツボとコツがゼッタイにわかる本』（秀和システム、2020年）で詳しく解説されていますので、興味のある方はそちらに進んでみてください。

Step Up! ステップアップ Point

　忘れてはいけないのは「GAS はあくまで手段のひとつ」ということです。「実現したい！」と思ったことをすべて GAS で実装する必要はありません。特にはじめのうちは、初めて知ることだらけで、何をやるにも時間がかかります。時間をかけずに実現できる手段が他にあるのであれば、積極的に活用しましょう。先に紹介したスプレッドシート関数はもちろん、それ以外にも Chrome 拡張機能や各サービスの標準機能など、便利な機能はたくさん存在しています。

　本書でも、可能なところまではスプレッドシート関数を組んで、それ以降の関数では実現できない部分だけを GAS にするというように、各種手段を組み合わせて実装をしていきます。（実践-3や実践-5がその例です）

　「千里の道も一歩から」というように、少しずつ知識や経験を積み重ねることで GAS マスターに近づけますが、途中であきらめてしまったら元も子もありません。自分に負荷をかけすぎることなく、継続して楽しみながら続けられる方法を選択していきましょう。GAS にすべてを任せる必要はありません。アシスタントだと思って可能な部分を任せて、少しずつ育てていきましょう。

03-05

はじめの一歩をふみ出そう

GASの画面はどこから開く?

　ではいよいよ、GASのいろはを学んでいきましょう。ここから、「プロジェクト」と呼ばれる場所に、コードを書いて管理したり、各種設定などをして使っていきます。まずは、プロジェクトを準備する方法を確認しましょう。

● プロジェクトの画面

● プロジェクトのサイドバー

　方法は2つありますが、初心者向けのおすすめは1つめに紹介する「Container-bound型」です。どちらの方法で準備するかによって、使える機能などがほんの少し変わります。この違いについてはステップアップPointで解説します。もし、これ以降の説明が少しむずかしく感じたら、プロジェクトを開く方法

だけ確認して、他は読み飛ばしていただいても問題ありません。（理解が進んで余裕があるときに戻って来てください）

 # 「プロジェクト」を開く2つの方法

✚ スプレッドシートやドキュメントから開く – Container-bound型 –

1つめはスプレッドシートやドキュメントなどのファイルから開く方法です。ファイル上部の「拡張機能>Apps Sctipt」をクリックするとプロジェクトの画面に遷移します。

● 各アプリから開く

この方法は「Container-bound」と呼ばれるものです。名称を覚えることは重要ではありませんが、言葉の意味を理解しておくと、仕組みのイメージがしやすいので解説します。「Container」とはカタカナ表記にすると「コンテナ」で「容器・入れ物」を意味する言葉です。これは、「拡張機能>Apps Sctipt」でプロジェクトを開いたスプレッドシートやドキュメントなどのファイルのことを示します。そして、「bound」とは紙類をまとめて保管するための「バインダー（binder）」の派生元である「bind」の過去形・過去分詞で「縛られた・くくられた」という意味を持った言葉です。つまり「Container-bound」とは、スプレッドシートやドキュメントなどのコンテナと、プロジェクトがくっついている状態を意味する名称です。

● ファイル（コンテナ）とプロジェクトが紐づいている関係

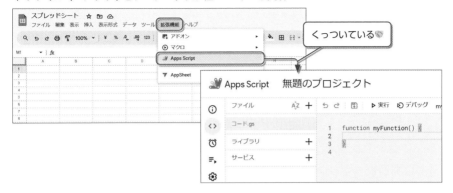

🧩Googleドライブから直接開く – Standalone型 –

　2つめはGoogleドライブから直接、新規ファイルを作成する要領で開く方法です。「＋新規＞その他＞Google Apps Script」で新しいプロジェクトを作成できます。「その他」の選択肢に「Google Apps Script」がない場合は、一番下の「＋アプリを追加」から追加すると表示できます。

● Googleドライブから開く

　「Standalone」は「独立・自立」を意味する言葉で、「Container-bound」がスプ

レッドシートやドキュメントとくっついている状態であることに対して、それらとは紐づかずにプロジェクト単体で独立した存在であることを意味する名称です。

ステップアップ Point

　どちらの方法でも開けるプロジェクトの画面の見た目は基本的に同じですが、2つの違いがあります。ステップアップPointではどのような違いがあるかを解説します。**どちらの方法を選択すべきか自分では判断がつかないという状態のときは「Container-bound」を使うことをおすすめします。（理由は後述します）**

✚Containerとくっついているかどうか

　先に説明した通りで、コンテナとなるスプレッドシートやドキュメントとくっついているかどうかが違いの1つです。

● Container-boundは各ファイルとプロジェクトが紐づいている

　「Container-bound型」には、この場合のみに使える、コンテナとくっついているという特性を活かしたコードがいくつか存在します。GASへの理解が深まると、どのコードが該当なのか、自分がやりたいことにそれは必要なのかの判断がつくようになりますが、はじめのうちはそうともいかず「参考にしているコードはContainer-bound型を想定したものだったけど、自分はStandalone型のプロジェクトを使っていて、使えないコードが入っていたため、エラーが出てうまくいかない」

ということが起きえます。（その事実にもなかなか気が付かずに時間を費やしてしまう可能性も高いです）

逆に「Standalone型」の場合のみに使えるコードというのは基本的に存在しないため、「Container-bound型」でプロジェクトを用意しておくようにするとこういったつまずきを避けることができます。

✚Googleドライブにプロジェクトが表示されるか

また、「Container-bound型」の場合はGoogleドライブに表示されるのはコンテナとなっているスプレッドシートやドキュメントのファイルのみで、プロジェクトは表示されません。

● Google ドライブにプロジェクトは表示されない

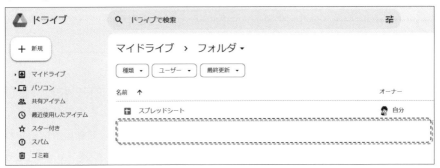

一方で「Standalone型」の場合は、プロジェクトがGoogleドライブに表示されます。

● Google ドライブにプロジェクトが表示される

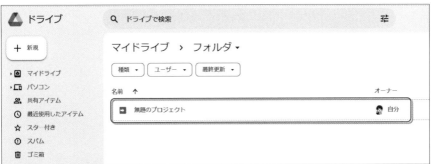

「Standalone型」の場合はプロジェクトが存在しているということが明確ですが、「Container-bound型」の場合はそうではありません。ただ、この点は大きな問題ではなく、プロジェクトの存在を明示したいときは、スプレッドシートやドキュメントのファイル名に「Google Apps Script」などのキーワードを入れることで目印にするのがおすすめです。

● 参考：ファイル名でプロジェクトが紐づいていることを明示

また、「Container-bound型」にしておけば、関連ファイルとプロジェクトの保存場所がバラバラになってしまうこともありません。GASを管理する上で最も避けなければいけないのは「プロジェクトが迷子になってしまい、どこで動いているかわからない謎のプログラム」が発生してしまうことです。ですが、関連ファイルとくっついている状態にしておけば、どこに保存したか忘れてしまったというインシデントも回避することができます。

プロジェクトがGoogleドライブに表示されるかどうか仕様を理解した上で、それらが迷子にならないようにフォルダや名称を工夫して管理するようにしましょう。

スプレッドシート関数と構造は同じ

GASのコードはどんな構造になってるの？

　ではここから少しずつ、実際のコードを読んだり書いたりして学んでいきます。まずは、これからどのようなコードを書いていくのかイメージをつかむために、先ほど紹介した例を、もう少し詳しく見てみましょう。「はじめて聞くキーワードばかりで大丈夫かな…」と不安な印象を持つかもしれませんが心配いりません。後述するように、私たちにも親しみのあるスプレッドシート関数と似たような構造になっています。

コードの基本文型は
Class.Method(Parameter)

　はじめに、実際のコードをいくつか見てみましょう。まずは、Googleドライブにフォルダを作成するコードです。

```
DriveApp.createFolder("フォルダ名");
```

　「ドライブにフォルダを作成する、このフォルダ名で」という意味を持ったコードです。とてもシンプルな一文ですね。

```
DriveApp.createFolder("フォルダ名");
```
　ドライブに　　　　　　　　　　　このフォルダ名で
　　　　フォルダを作成する

　「何に対して、何をするのか、詳細指定は何か」の3つの要素から成り立っています。

```
DriveApp.createFolder("フォルダ名");
```
何に対して　　何をするのか　　詳細指定

　ちなみに、これを実行すると、下記のようにマイドライブ配下に指定した名前の
フォルダを作成することができます。

● エディタの画面

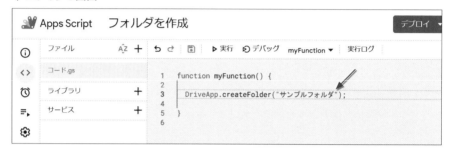

● 実行すると…

　もうひとつ例を見てみましょう。次は、Gmailでメールの下書き作成をするコード
です。

```
GmailApp.createDraft("宛先","件名","本文");
```

　このコードは「Gmailに下書きを作成する、この宛先・件名・本文で」という意味
を持っています。こちらもシンプルですね。

```
GmailApp.createDraft("宛先","件名","本文");
```
Gmailに　下書きを作成する　この宛先・件名・本文で

　こちらも、「何に対して、何をするのか、詳細指定は何か」の3つの要素から成り立っています。

```
GmailApp.createDraft("宛先","件名","本文");
```
何に対して　　何をするのか　　　　詳細指定

　実行すると、指定の宛先・件名・本文が設定された下書きメールを作成することができます。

● エディタの画面

● 実行すると…

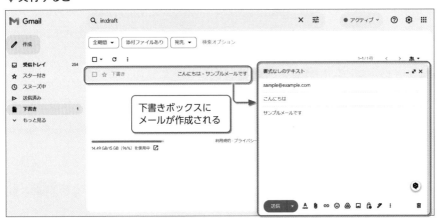

下書きボックスに
メールが作成される

🔹構成要素は「Class、Method、Parameter」

ここまでに確認した通り、コードは「何に対して、何をするのか、詳細指定は何か」という3つの要素で構成され、各要素をそれぞれ「Class（クラス）、Method（メソッド）、Parameter（パラメータ）」と呼びます。

● 構成要素

要素	説明
Class	何に対して（操作対象）
Method	何をするのか（操作内容）
Parameter	詳細指定は何か

🔹基本文型は「Class.Method（Parameter）」

そして、3つの要素から構成される基本文型は、下記の通りです。

● 基本文型

```
Class.Method(Parameter)
何に対して   │    詳細指定
     何をするのか
```

基本的には、この文型を繰り返し使用して、スクリプトを組み立てていきます。まだ慣れないキーワードだと思いますが、この基本文型を理解しておけば、コードを読み書きするのがぐっとスムーズになるので、しっかりおさえておきましょう。

🔹スプレッドシート関数との構造比較

ではここで、スプレッドシート関数の構造をあらためて確認してみましょう。基本文型との共通点が多く、私たちがいつも使っているものの延長線上にあることがわかります。

スプレッドシート関数はセルにイコールを入力すると、あらかじめ用意されている利用可能な関数がずらっと候補として出てきます。ここで、「何をするか（Method）」を決める「関数」を選択します。

● 関数を選択

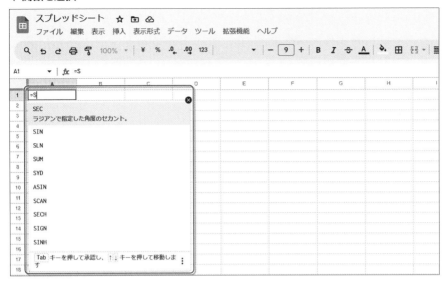

　関数を決めたら「詳細指定（Parameter）」となる「引数」を括弧の中に指定します。例えば、SUM関数の場合は、合計値を求めたいセル範囲を選択します。

● 引数を指定

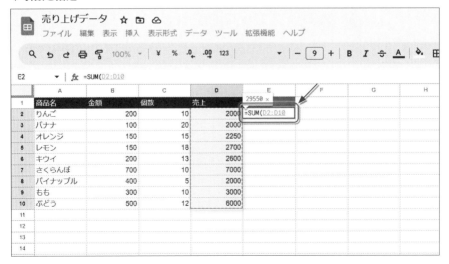

スプレッドシート関数は、スプレッドシートに対しての処理ということが明確ですから「何に対して（Class）」に該当する指定はありませんが、「何をするのか（Method）」「詳細指定は何か（Parameter）」を指定しているのはGASの基本文型とまったく同じ要領です。

● スプレッドシート関数

```
=SUM(D2:D10)
```
何をするのか
　　　詳細指定

● GASの基本文型

```
Class.Method(Parameter)
```
何に対して　　　詳細指定
　　　何をするのか

　こうして見てみると、プログラミング未経験者にとってもGASはまったく新しい概念というわけではないことがわかります。みなさんがいままで習得してきたスキルに追加する形で、次のステップとしてGASを習得していきましょう。

Step Up! ステップアップPoint

　　　コードは、「Class、Method、Parameter」の3つの要素で構成されることがわかりました。では、具体的にそれぞれの要素にはどのようなキーワードをあてはめてコードを組み立てていけばよいのでしょうか。ここで「Class、Method、Parameter」がどのようにして決まるのかを解説します。

　まず、Googleドライブにフォルダを作成するコードは下記の通りでした。

```
DriveApp.createFolder("フォルダ名");
```

　ここに登場している「DriveApp」「createFolder」のフレーズはどこから出てきたのでしょうか?筆者が独自に考えたものなのでしょうか?答えはNoです。「Class」

「Method」は私たちが自由に決めることはできません。スプレッドシート関数と同じように、あらかじめ用意されたラインナップから必要なものを選択して使う必要があります。

● エディタの画面

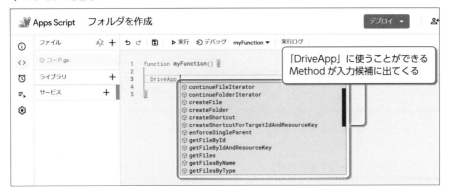

何が操作対象である「Class」になって、どのような操作ができる「Method」が用意されているかはすべて決められています。まずは実践問題で、そのときどきで使うべき「Class / Method」を紹介するので、その構文にならってコードを書いていきましょう。

　一方で「Parameter」は、指定すべき項目はすべて決められていますが、具体的な内容（値）は私たちが決めることができます。こちらはスプレッドシート関数の引数と同じイメージです。

● スプレッドシート関数の場合（SUM関数）

「合計したい値の範囲」を指定すると決まっているが「どの範囲」を指定するかは自由

● GASの場合（メール下書き作成）

「宛先・件名・本文」を指定すると決まっているが「具体的な内容」は自由

```
function myFunction() {

  GmailApp.createDraft("sample@example.com","こんにちは","サンプルメールです");

}
```

そのため、「いったいどんなフレーズを使ってコードを書けばいいのだろう?どこまでParameterで指定できるのだろう?」とやみくもに頭を悩ませる必要はありません。必要なフレーズや項目はすべて決まっているので、そのルールに従って書いていきましょう。

🔷「Class、Method、Parameter」の関係性

さて、基本文型は3つの要素で構成されていますが「Parameter」は登場する場合と、登場しない場合があります。（この場合、括弧の中は空っぽになります）どういうことかというと、「Class」「Method」の2つの要素で命令が完成しない場合（つまり不十分な場合）に「Parameter」が登場します。このあと補足をしますが、「Parameter」は登場するときもあれば、登場しない場合もあるということだけ、おさえておけば大丈夫です。

具体的な例を見てみましょう。まずはParameterが不要な、Googleドライブ内すべてのファイルを取得する際のサンプルコードで確認しましょう。

```
DriveApp.getFiles();
Googleドライブの        |
            ファイルを取得する
```

　この場合は「Class」「Method」で命令が完成するため、「Parameter」の出番はなく、括弧内は空っぽになります。

　では次に、Gmailにメールを下書き作成する際のサンプルコードを見てみましょう。

```
GmailApp.createDraft("宛先","件名","本文");
  Gmailに    ト書きを作成する   この宛先・件名・本文で
```

　「Parameter」に該当するのは「宛先・件名・本文」の部分なので、これを抜いた状態にすると下記になります。

```
GmailApp.createDraft();
```

　この命令だと「Gmailにメールを下書き作成する」というだけで、いったいどのようなメールを作成すれば良いかさっぱりわかりませんね。こういった場合に命令を完成させるために、「Parameter」が登場します。
　「Class」「Method」は基本必須だが、「Parameter」は必要な場合とそうではない場合があるというポイントをおさえておきましょう。

実践-1 日次報告メールの下書きを毎日自動で生成しよう

コード記述とトリガー設定

基本を学ぼう

はじめに

　では、ここから実践問題に入ります。**実際のコードを元に、必要な知識を体系立てて学んでいきます。**もちろん興味のある実践問題をピックアップしていただくのも良いのですが、もし実践問題の課題自体はすぐに業務などで使わないと思っても、ぜひ目を通してください。今後、皆さんのやりたいことを自由自在に実現するために欠かせない、最低限必要な基礎知識を学べる構成にしています。

　紹介するコードを暗記する必要はありません。なによりも大切なのは、どうやってコードを組み立てていくのか、その思考回路や考え方を学ぶことです。ぜひ実際に手を動かしてみて、どうやって組み立てていくのか雰囲気を掴んでください。

学べること

・基本的なコードの書き方、実行方法
・定期的に動かす「トリガー」の設定方法

どうやって、コードを書いて動かすの？

悩みポイント

　開発する場所である「プロジェクト」と「基本文型」についてはなんとなく分かったけど、ここからどうやって実際にコードを書いて動かしていくのかは、まだ見えていないという状態だと思います。まずは「メールを下書き作成する」というシンプルな例題で、コードの書き方・動かし方を学びましょう。

　例えば、クライアント向けにしている日次報告だったり、社内向けの週報など、同じテンプレートを使って、定期的にメールを作成して送付しているようなシーンを思い浮かべ

てください。こういったときに、テンプレートを都度どこかからコピペしてくるのは手間ですし、「よし、メールを作成するぞ」というタイミングですでに定型部分が埋められたメールが用意されていると業務がシームレスになります。

　今回は、毎朝始業時に送付する勤務開始メールの自動作成をしていきます。実践-7ではカレンダーの予定情報も自動で組み込むようにバージョンアップもしていきますので、はじめの一歩として挑戦しましょう。

● イメージ図

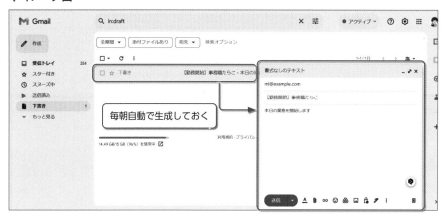

● サンプルコード

```
function draftWorkStartEmail() {

  GmailApp.createDraft("ml@example.com", "【勤務開始】事務職たら
こ", "本日の業務を開始します");

}
```

これで解決

　メールの下書き作成には、下記の構文を使います。とっても
シンプルで、たった1行のコードで完結します。

```
GmailApp.createDraft(recipient, subject, body)
```

◆引数

recipient：メールの宛先、複数指定する場合はカンマ(,)で区切る（文字列）

subject：メールの件名（文字列）

body：メールの本文（文字列）

解説

　それでは実際にやってみましょう。

🔷 プロジェクトを開く

　ではまずは、開発画面である「プロジェクト」を開きましょう。今回はどちらの方
法で開いても大丈夫です。Gmailの処理のみで、「Container-bound型」でしか使
えないコードの出番はないためです。

● プロジェクトを開く（Container-bound型）

● プロジェクトを開く（Standalone型）

■プロジェクトに名前をつける

プロジェクトを開いたら、プロジェクト名をつけましょう。「無題のプロジェクト」をクリックすると編集できるので、任意の名前を入力して「名前を変更」で保存しましょう。

● プロジェクトの画面

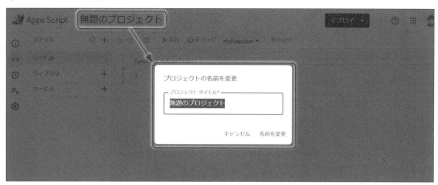

標準の名前であるデフォルト名のままでも使えないことはありませんが、今後の管理のことを視野にいれると、何のためのプロジェクトなのかをしっかり命名し

ておくと、「これはいったい何のために存在しているんだ…?」と混乱することを回避できます。

●コードを書く場所

コードを書く画面のことを「エディタ」といいます。

● エディタの画面

また、エディタの中には「コード.gs」のファイルが入っていて、画面中央部分にはそのファイルの中身が表示されている状態です。

● エディタの画面

ファイルの中には、デフォルトで「function myFunction() { }」と記載されてい

て、この中括弧内にコードを書いていきます。

● エディタの画面

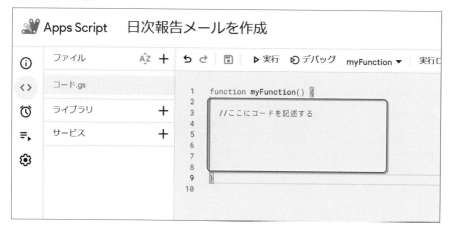

「function myFunction () { }」の正体は「関数」と呼ばれるもので、コードをまとめる箱のようなものなのですが、こちらの詳細はのちほど解説します。

✚コードを書いてみよう

では、実際にコードを書いてみましょう。**コードは「半角英数字」で記述します**。まずは、「GmailApp」と入力してみます。そうすると「G」と入力した時点で「入力候補」が表示されます。この候補から選択肢を選んでEnterキーを押下すると、簡単に入力できます。

● エディタの画面

この要領で「GmailApp.createDraft」まで入力してみましょう。入力候補が多い場合は、何文字か入力をすすめると候補がしぼられます。

● エディタの画面

　この入力候補は記述の効率アップになるだけではなく、タイプミス防止にもなるので積極的に活用しましょう。GASは半角全角も区別するため、ほんの少しでもタイプミスがあるとエラーになってしまいます。すぐにミスしている箇所に気づければ良いですが、はじめのうちは「エラーが出たけどどこが悪いのか見つけられない…」ということがよくあるので、必要以上に開発に時間がかかってしまう要因になります。自分は大丈夫と思わずに、積極的に入力候補を活用していきましょう。

　ここまでで、Class（GmailApp）とMethod（createDraft）の入力ができました。Methodを入力したら忘れずに末尾に括弧を付けましょう。

● エディタの画面

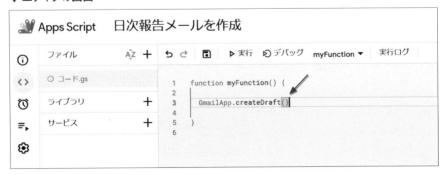

基本文型は「Class.Method（Parameter）」で、Parameterは登場する場合と、そうでない場合があるとお伝えしましたが、括弧はいつでも必須です。ただ、自動入力されないため、忘れずに自分で入力する必要があります。この括弧を忘れるとエラーになるので、必ず付けるように意識しましょう。

文字列を記述する

　では、詳細指定であるParameterの「recipient，subject，body」を埋めましょう。このとき、各要素はカンマ（ , ）区切りで記述します。うっかり別の記号を使ってしまうとエラーになるので注意しましょう。

　また、構文に記載しているとおり、今回のParameterはどれも「文字列」で指定する必要があります。コードの中に出てくるデータには「文字列」「数値」「Boolean（TRUE／FALSE）」「配列」など様々な種類があります。データ型によって、どのように記述すべきかルールが決まっているので、それに則って記述します。

　その中でも「文字列」はダブルクォート（ " ）もしくはシングルクォート（ ' ）で囲うというのがルールです。ここからここまでは文字列ですよ、というのを記号を使って明示します。（文字列には全角含めて自由な文字を使うことができます）

● 例

```
"こんにちは"
"お元気ですか？"
```

　ダブルクォート（ " ）は「Shift + 2」、シングルクォート（ ' ）は「Shift + 7」で入力できます。

● キーボード（Windows 日本語配列の例）

ダブルクォート　　　　　　シングルクォート

どちらの記号の方が絶対的に良いというのはありません。好みになりますので、まずはやりやすい方を選んで実践してみましょう。筆者はダブルクォート（ " ）が打ちやすく感じるのでこちらを使っています。

また、文字列内に改行をそのまま入力することはできません。その代わりに、改行を入れたい場合は「\n」の改行コードを使います。そうすると作成されるメールでは「\n」の部分が改行に変換されて反映されます。（改行を2回連続で入れたい場合は「\n\n」と繰り返します）

● サンプルコード

```
//OK例
"おつかれさまです。\n事務職たらこです。"

//NG例
"おつかれさまです。
事務職たらこです。"
```

ぜひ、お手元の画面で、宛先・件名・本文を埋めてみてください。実際にコードを書いて動かすことで理解がぐっと深まります。

● エディタの画面

🔹文末にはセミコロン(;)をつける

　また、1文のおわりにはセミコロン(;)をつけましょう。セミコロンが記述されていなくてもGASが1文のおわりを自動判別するため必須ではありませんが、意図しないバグを発生させないように、セミコロン(;)をつけることを徹底しておくと安心です。

● エディタの画面

　これでコードも完成です。基礎的な知識を解説しながらすすんだため、「結構大変だな…」と感じている方もいるかもしれませんが、あらためて下書き作成するコードを書いてみると2-3分で完成するはずです。慣れてしまえばサクッとできるので、その未来のためにも一歩一歩すすんでいきましょう。

🔹関数とは

　実行の前にもうひとつ、「関数」について学びましょう。**関数とはコードをまとめる箱のようなイメージで、複数のコードをひとつのセットとして束ねてくれる役割を担います。**「function myFunction() { }」で囲われている範囲がひとつの関数です。

● エディタの画面

関数には任意の名前を付けることができ、デフォルトは「myFunction」と命名されています。

● エディタの画面

関数には、どのような処理をする関数なのかをくみ取れる名前をつけておくと、あとあとの管理が楽になります。コードを全て読まなくても、何をする関数なのかがパッとわかる名前にしておくことで、自分はもちろんですが他の人にコードを見てもらうときにも伝わりやすくなります。**例えば、「createEmail」「draftWorkStartEmail」などのように「動詞＋名詞」で生成し、2つめ以降の単語の頭文字は大文字にすると分かりやすくなるのでおすすめです。**

また、関数名にはいくつか制約があり、ルールから外れた名前を命名すると関数名に赤の波線が引かれます。主要な制約は次に記載のとおりなので、まずはこれを守って命名するようにしましょう。

● 関数名の制約

・使える記号は「アンダーバー(_)」と「ドル($)」のみ
・先頭に数字は付けられない(例:1createEmail)
・途中に空白は含められない(例:create Email)
・特別な意味を持つ単語(予約語)は使えない(例:function,null)

● エディタの画面

```
1  function 1createEmail() {
2
3    GmailApp.createDraft("ml@example.com","【勤務開始】事務職たらこ","本日の業務を開始します");
4
5  }
6
```

ルールから外れる名前をつけると波線が引かれる

また、関数は複数記述することもできますが、**関数名はプロジェクト内で重複なくユニークになるように命名するようにしましょう。**

● エディタの画面

```
1  function draftWorkStartEmail() {
2
3    GmailApp.createDraft("ml@example.com","【勤務開始】事務職たらこ","本日の業務を開始します");
4
5  }
6
7  function draftWorkEndEmail() {
8
9    GmailApp.createDraft("ml@example.com","【勤務終了】事務職たらこ","本日の業務を終了します");
10
11 }
12
```

関数には別の名前を付ける

プロジェクト内にまったく同じ名前の関数がある場合、最後に宣言された関数が実行されます。そのため、うっかり同じ名前を付けてしまうと「意図した関数が実行されていない」という事象が起きてしまったり、他の人がプロジェクトを見たときに「これは意図した命名なのか…?」と悩む要因になってしまいます。やっ

かいなことに、関数名が重複していてもエラーなどの警告は出ない仕様なので、しっかりとユニークになるように命名するように意識しましょう。

❖ コードを保存する

では、関数が完成したので一度保存をしておきましょう。プロジェクト内に未保存の変更がある場合は、ファイル名の左側にオレンジ色の丸印がつきます。

● エディタの画面

画面上部の「プロジェクトの保存」をクリックすると、プロジェクト内すべての未保存の変更が保存されます。

● エディタの画面

保存はショートカットキーでも実行可能です。とてもよく使う操作なので、余裕があればおぼえておきましょう。（GASのショートカットは、Excelやブラウザ操作でも使えるものと共通しているものも多く、おぼえやすいのが特徴です）

● 「保存」のショートカット

Windows	Mac
Ctrl＋S	Command＋S

✂ 関数を実行する

実行は関数単位で、画面上部の「▷実行」のクリック、もしくはショートカットで実行ができます。

● エディタの画面

● 「実行」のショートカット

Windows	Mac
Ctrl＋R	Command＋R

このとき実行されるのは、「実行する関数」で選択している関数です。ファイル内に1つの関数しか存在しない場合は、自動で選択された状態になりますが、ファイル内に複数関数を記述している場合は、関数を選択してから実行してください。また、関数名を変更したあとは、必ず保存してから実行するようにしましょう。一度保存をしないと「実行する関数」で選択している関数は古い名前のままで、その名前の関数は存在しない状態のため実行するとエラーになります。

● エディタの画面

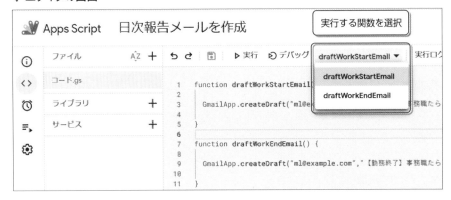

実行すると、まずはじめに権限承認のポップアップが出てきます。GASに各アプリの操作をしてもらうためには、これを許可する必要があります。画面にしたがって承認をすすめてください。

● 「権限を確認」から承認をすすめる

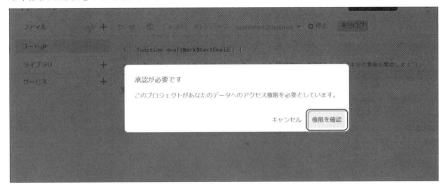

● アカウントを選択

● 画面左下の「詳細」をクリック（この画面はスキップされる場合もあります）

● 画面左下の「○○○に移動」をクリック

このアプリは Google で確認されていません

アプリが、Google アカウントのプライベートな情報へのアクセスを求めています。デベロッパー（████████████████）と Google によって確認されるまで、このアプリを使用しないでください。

詳細を非表示   安全なページに戻る

リスクを理解し、デベロッパー（████████████████）を信頼できる場合のみ、続行してください。

日次報告メールを作成（安全ではないページ）に移動

● 画面右下の「許可」をクリック

うまく処理が進むと、実行ログの画面に「実行完了」と表示されます。完了したら、意図通りの処理がされているかGmailの下書きボックスを確認してみましょう。

● エディタの画面

● Gmailの画面

➕ 毎朝自動で実行されるように、トリガー設定をする

では、作成したスクリプトが毎朝自動で実行されるように、トリガー設定をしましょう。画面左側の時計マーク「トリガー」の画面で設定することができます。

● プロジェクトの画面

画面右下の「＋トリガーを追加」で新規設定を登録できます。

● トリガーの画面

　トリガー設定の画面を開いたら、関数名と詳細の選択をして設定しましょう。今回は「毎朝動かしたい」ので「時間主導型＞日付ベースのタイマー＞午前8時～9時」に設定します。選択ができたら「保存」をクリックして保存しましょう。（時刻は任意の時間帯にしていただいて問題ありません）

● トリガーの設定画面

日次報告メールを作成 のトリガーを追加

実行する関数を選択

draftWorkStartEmail ▼

実行するデプロイを選択

Head ▼

イベントのソースを選択

時間主導型 ▼

時間ベースのトリガーのタイプを選択

日付ベースのタイマー ▼

時刻を選択

午前 8 時~9 時 ▼

(GMT+09:00)

エラー通知設定　＋

毎日通知を受け取る ▼

キャンセル　保存

　上手く保存ができると、トリガー画面に1行追加されます。「時間ベース」のイベントで関数「draftWorkStartEmail」のトリガーを設定できていることがわかります。

● トリガーの画面

オーナー	前回の実行	導入	イベント	関数	エラー率
自分	-	Head	時間ベース	draftWorkStartEmail	-

Apps Script　日次報告メールを作成　　　デプロイ ▼　 ⑦ ⠿ 👤

トリガー　　　　　　　　　　　　　　1個のトリガーを表示しています

＋ フィルタを追加

1ページあたりの行数: 25 ▼　　　　　　　　　｜く　　＋ トリガーを追加

また、設定の編集は「✐」から、削除は「⋮＞トリガーを削除」で対応できます。ただし、**既存トリガーに対する操作は「トリガーを設定したユーザー」しか実行できない**ので、その点はご留意ください。（他の人が設定したトリガーの設定変更や削除はできません）

● 「✐」から編集

● 「⋮」から各種操作

　これでトリガー設定も完了です。ですが、この設定は、毎日実行するための設定のため、土日や祝日も平日と同じように動いてしまいます。「平日だけ動かしたい」という場合は、トリガーの標準機能だけでは実現することができず、もうひとつ工夫することが必要です。ここについては、実践-7で解説していきます。

Step Up! ステップアップ Point

　基本的なコードの書き方・トリガーの設定方法を学びました。さらに自由度高く、また実用的なスクリプトにするために知っておくと良いポイントが4つあるので紹介します。

✚インデント

　コードの可読性を上げるために、インデント（字下げ）を適宜入れるようにしましょう。インデントは「tab」で入力でき、中括弧に囲われているコードにひとつ入れるようにすると、読みやすくなります。

● よい例

```
function draftWorkStartEmail() {

  GmailApp.createDraft("ml@example.com", "【勤務開始】事務職たらこ", "本日の業務を開始します");

}
```

● よくない例

```
function draftWorkStartEmail() {

GmailApp.createDraft("ml@example.com", "【勤務開始】事務職たらこ", "本日の業務を開始します");

}
```

　「正しい位置にインデントを入れられているかな？」「インデントを入れているつもりだけど、読みづらい気がする」というときはF1キーを押下すると表示できるコマンド一覧の「ドキュメントのフォーマット」機能を使って体裁を整えましょう。クリックするだけで、ファイル全体の体裁を整えることができます。

● コマンドー覧の画面 - 1

● コマンドー覧の画面 - 2

✥コメントアウト

コメントアウトという機能を使うと、コードの一部を無効（実行対象外）にすることができます。記述したコードの一部を実行対象外にしたいというシーンはもちろん、コードにコメントを残したいというシーンでも活用できます。

行の先頭に「//」を付けるとコメントアウトすることができます。

● 例：コードを無効（実行対象外）にする

```
1  function draftWorkStartEmail() {
2
3    // GmailApp.createDraft("ml@example.com", "【勤務開始】事務職たらこ", "本日の業務を開始します");
4
5  }
6
7
```

● 例：コメントを付ける

```
function draftWorkStartEmail() {

  //メールを下書き作成する
  GmailApp.createDraft("ml@example.com", "【勤務開始】事務職たらこ", "本日の業務を開始します");

}
```

単純に「//」を入力する以外にも、ショートカットキーを使ってコメントアウトすることも可能です。対象の行にカーソルを合わせた状態で、ショートカットキーを実行してください。複数行ある場合は、行を選択した状態で実行すると一括でコメントアウトすることができます。

●「コメントアウト」のショートカット

Windows	Mac
Ctrl＋/	Command＋/

● 参考：複数行を一括でコメントアウト

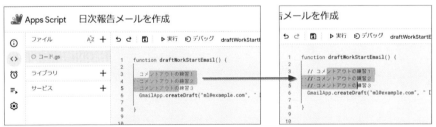

コメントはあとあとコードを見返すときや、引継ぎなどで他の人にコードを見てもらうときに何をしているコードなのか、理解に悩むことがないように付けておけると良いです。コードを書いているときは「コメントつけるの面倒くさいな…」と感じることもあると思いますが、数か月も経つと「このコードはなんでこう書いているんだ…?なんのための処理だっけ…」とすっかり忘れてしまい、改修するのがむずかしくなってしまうこともあります。そうやってコードが負の遺産になることを避

けるためにも、本書で紹介しているサンプルコードのコメントなども参考にしながら、コメントをつけるようにしましょう。

トリガーのエラー通知設定は、「今すぐ通知を受け取る」に

トリガーの設定項目には「エラー通知設定」というものがあります。

● トリガーの設定画面

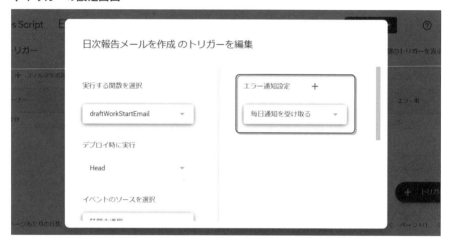

トリガーで実行されたスクリプトでエラーが発生すると「エラーが起きましたよ」とGoogleからメールで通知が送られる仕組みになっています。

● 参考：エラー通知メール

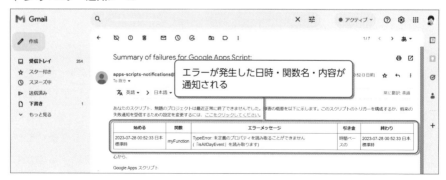

「エラー通知設定」は、この通知を受け取るタイミングを選択することができる項目です。デフォルトは「毎日通知を受け取る」ですが、これは1日ごとの通知のため、エラーが発生しても気が付くのが翌日になってしまいリカバリーが遅延してしまう可能性があります。ここを「今すぐ通知を受け取る」に設定すると、リアルタイムでエラー通知が送付されます。早めの段階でリカバリーできるように、こちらの設定にするようにしましょう。

● トリガーの設定画面

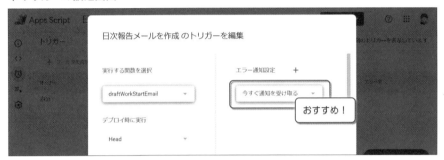

✚ プロジェクトのファイル操作

　新しいプロジェクトを開くと、ファイルの中には「コード.gs」がデフォルトで入っている状態でした。このファイル名を変更したり、新しいファイルを追加するといった各種操作をすることもできます。

　既存ファイルに対する操作は、ファイル名の右側にカーソルを合わせて「⋮」をクリックするとメニューが表示されます。

● エディタの画面

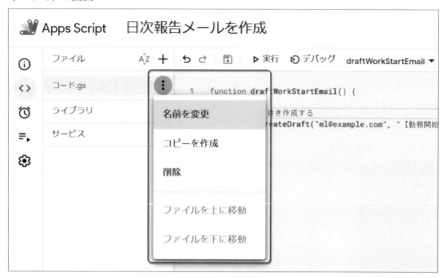

また、新しいファイルは画面上部の「＋＞スクリプト」から追加できます。(プロジェクト内に複数の関数を作成する場合に、ファイルを分けて管理しやすくしたいときなどに使います)

● エディタの画面 - 1

● エディタの画面 − 2

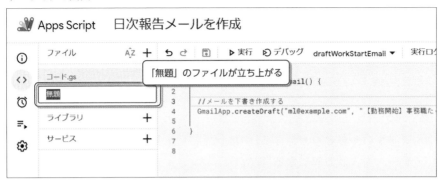

　ファイル名のルールは特段ないため自由に命名できますが、ファイル内の関数と関連性のない名前にしてしまうと、あとあとプロジェクトを開いたときや、引継ぎなどで他の人に見てもらうときに、「いったいどのファイルに何の関数が入っているんだ…?」とパッとわからず探す時間が長くなってしまう可能性が高まります。デフォルトの「無題.gs」のままにすることは避けて、どんな処理をしているのかがパッとわかる名前をつけるようにしましょう。

　筆者は、どの関数が入っているファイルなのかを明示するために、関数名と同じ名前をつけるようにしています。わかりやすいと思ってファイル名を日本語にすると「あの関数はどこに書いたんだっけ…?」となることもあるので、この形式にしています。(また、この命名方法だと考えるのが面倒くさくて適当でわかりづらいファイル名にしてしまった、ということも避けられるのでおすすめです)

● 参考:ファイル名と関数名を同じにする

実践-2 週次ミーティングの報告シートをコピーしよう

学べること

・データのやりとりができる「引数」と「戻り値」
・データを入れる箱になる「変数」
・データの確認ができる「Logger.log」
・「日付データ」の操作方法

GASに欠かせない基礎知識って？

悩みポイント

　　　GASを使って自動化していくために、絶対におさえておくべき基礎知識が4つあります。これを知らないまま何となくサンプルコードをコピペするだけですすめてしまうと、自分がやりたい処理を組み立てるときに、どこをどのようにカスタマイズすれば良いのかを理解するまでに遠回りすることになってしまいます。これからみなさんが、自由自在にスクリプトを組み立てて、やりたいことを実現できるようになるために、「引数」「戻り値」「変数」「ログ」という必須の基礎知識を、「スプレッドシートのシートをコピーする」という例題を通して学んでいきましょう。

　例えば、チーム会議や部署会議など、定期的に進捗報告などを行うような会議のたびにテンプレートシートをコピーして必要事項を記載しているようなシーンを思い浮かべてください。コピー自体は数秒で終わるような作業ですが、こういったひと手間がなくなると業務もぐっとシームレスになります。今回は基礎編として1シートのコピーに挑戦しますが、第4章で学ぶ「配列」や「繰り返し処理」と組み合わせると、チームや部署の各メンバーごとのシートを一括で作成するといったことも可能になります。

　今回は、チーム会議で使っている週次報告シートを、テンプレートをコピーする形で自動生成するスクリプトを作成していきます。

● イメージ図

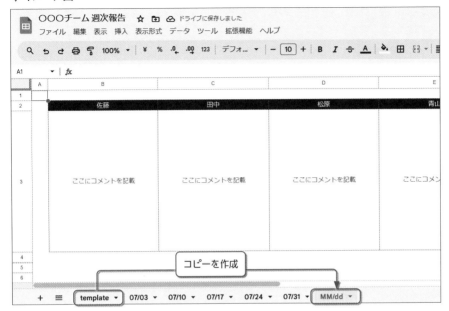

● サンプルコード

```
function createSheet() {

  //スプレッドシートを取得
  const ss = SpreadsheetApp.getActiveSpreadsheet();

  //シートを取得
  const sheet = ss.getSheetByName("template");

  //シートをコピー
  const newSheet = sheet.copyTo(ss);

  //コピーしたシート名を変更
  newSheet.setName("MM/dd");

}
```

これで解決

今回は4つのステップでシートのコピーを行います。

ステップ

1 （コピーしたいシートが入っている）スプレッドシートを取得する
2 （1で取得したファイルから）シートを取得する
3 （2で取得した）シートをコピーする
4 （3で生成した）シートの名前を変更する

　「前回は1ステップだったのにすごく増えた…!!」と思うかもしれませんが、安心してください。各ステップの難易度は変わらないので、1つずつゆっくりと、順に理解しながらすすめていきましょう。

解説

　それでは実際にやっていきましょう。

✚「引数」と「戻り値」

　まずはじめに、「引数（ひきすう）」と「戻り値」という単語をおさえておきましょう。聞きなれない単語かもしれませんが、意味はとてもシンプルです。

引数

　まず、引数は基本文型の「Parameter」の別称です。

● 基本文型

```
Class.Method(Parameter)
              引数
```

　「引数」とはプログラムに渡す値のことで、これを元に処理が実行されます。

● 引数のイメージ

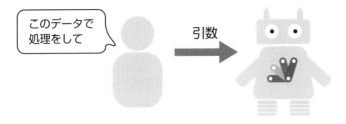

戻り値

　「戻り値」とは、プログラムが返す結果のことです。「引数」がプログラムに渡す値のことだったのに対して、「戻り値」はその処理の結果として返ってくる値をしめす言葉です。それぞれのMethodは、何が引数（Parameter）になるか決められているのと同様に、どのようなデータが戻り値になるかが決められています。

● 戻り値のイメージ

　これから、さまざまなコードを書いていきますが、必要に応じてMethodを使うことで返ってくるデータ（戻り値）を使いながらコードを組み立てていきます。まずは、「Methodを使うと、戻り値が返ってくる」ということだけインプットしておきましょう。実際に使っていくイメージは、これから具体例をとおして少しずつ学んでいきます。

◆ プロジェクト・ファイル・関数の準備をする

　今回は、スプレッドシートを操作するスクリプトのため、Container-bound型のプロジェクトを使いましょう。

● プロジェクトを開く

　プロジェクトの準備ができたら、あとあと管理しやすいように名前を付けましょう。下記を参考にしつつ、皆さんがわかりやすい、管理しやすいと思う名前を付けておきましょう。

● プロジェクトの画面

✚ スプレッドシートを取得する

　まずは、スプレッドシートの取得をしましょう。「getActiveSpreadsheet」を使うと戻り値としてアクティブなスプレッドシートを取得することができます。

```
SpreadsheetApp.getActiveSpreadsheet()
```

◆戻り値

アクティブなスプレッドシート（Spreadsheet）

ClassとMethodで命令が完成するため、Parameterは出てきません。下記のコードでスプレッドシートの取得ができます。

```
SpreadsheetApp.getActiveSpreadsheet();
```

「アクティブなスプレッドシート」とは、Container-bound型のプロジェクトのコンテナとなっている、つまりプロジェクトとくっついているファイルのことを指しています。「Container-bound型」でしか使えないコードがあるとお伝えしましたが、「getActiveSpreadsheet」もこのひとつです。(Standalone型の場合はそもそもコンテナが存在しないので使えません)

● イメージ

変数

スプレッドシートの取得ができたら次のステップである「シートの取得」にすすむのですが、その前にひとつ準備をします。「変数」と呼ばれるデータを入れる箱の中に、取得したスプレッドシートのデータを格納しておきます。

構文

```
const 変数名 = データ;
```

まずはシンプルな例で使い方を確認しましょう。例えば、次のコードを記述すると「name」という変数(箱)の中に「事務職たらこ」というデータが入ります。

```
const name = "事務職たらこ";
```

　これをふまえて、先ほど取得した「スプレッドシート」のデータを、「ss」という変数に入れるために、下記のコードに追記します。(ssはSpreadsheetの略称)

```
const ss = SpreadsheetApp.getActiveSpreadsheet();
```

　「const」というのは「新しい変数を作成します」という宣言のようなもので、変数を作成するときに必要なキーワードです。また、変数名は関数名と同じような要領で任意の名前をつけることができるのですが、制約などの詳細はステップアップPointで解説します。

　これ以降、前のステップで取得したデータ(戻り値)をそのあとのステップで使うというシーンがたびたび発生します。そういったときに、自分たちにとって分かりやすい名前の変数(箱)にデータを入れてあげることで、コードもぐっとわかりやすく、そしてスッキリと書くことができます。まだ、活用するイメージが湧かないかもしれませんが、これ以降のステップで徐々に深めていきましょう。

✜ シートを取得する

　つづいて、コピーするシートの取得をしましょう。「Spreadsheetクラス」の部分はParameterと同じく実際のデータ(スプレッドシート)を指定する必要があるため、このままの記述では使えませんのでご注意ください。(ここから登場する「○○○クラス」の詳細は実践-3の後半で解説します)

構文

Spreadsheetクラス.getSheetByName(name)

◆引数
name：取得するシートの名前(文字列)
◆戻り値
取得したシート(Sheet)

今回は、「template」という名前のシートをコピーしたいとします。

● スプレッドシートの画面

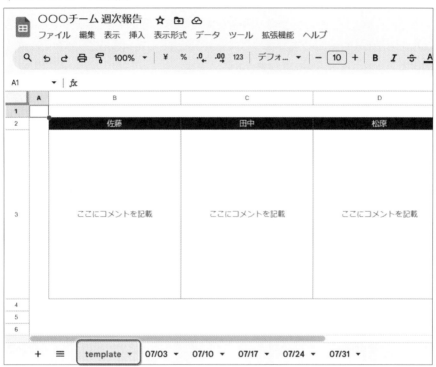

　その場合は、下記のようにコードを入力します。**このとき、シート名はスプレッドシート内に実在するものと完全一致するように指定する必要があります。**小文字と大文字の違いはもちろん、末尾に不要な空白が入っていたりすると「一致するシートがない」と見なされて、結果が空っぽになってしまうので注意してください。（スプレッドシートからシート名をコピペして指定すると安心です）

```
const ss = SpreadsheetApp.getActiveSpreadsheet();
const sheet = ss.getSheetByName("template");
```

　「ss」の中には、スプレッドシート（Spreadsheetクラス）を格納しているため、「ss.getSheetByName("template")」とすることができます。

✛「Logger.log」でデータを確認

　シートの取得ができましたが、意図通りの結果を取得できているかの確認はまだできていない状態です。

　「Logger.log」を使うとデータの中身を実行ログで確認することができるので、これを活用しましょう。下記のようにコードを入力して実行すると、変数「sheet」の中に入っているデータを確認できます。

```
const ss = SpreadsheetApp.getActiveSpreadsheet();
const sheet = ss.getSheetByName("template");
Logger.log(sheet);
```

　実際に実行してみると、ログに「Sheet」と表示されます。これは変数「sheet」の中にしっかりとシート（Sheetクラス）のデータが入っているということです。

● ログで確認

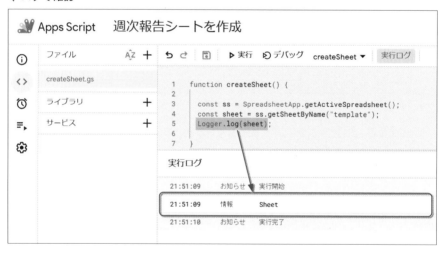

　存在しないシート名を指定してしまっている場合は、結果が存在しないことを意味する「null」が表示されます。

● ログで確認

　このように、取得したデータが意図通りの結果になっていることを都度確認することは非常に重要です。「おそらく大丈夫だろう」と、確認せずにすすめてエラーが出た場合、いったいどこを直したら良いのかよくわからず、修正しているうちにこんがらがってしまってお手上げになる、というのは初心者あるあるです。「ここまでは意図通りになっているかな?」と都度確認をしておくと、早い段階で上手くいっていない箇所に気づいて修正することができるので、ログ確認は積極的に活用しましょう。

シートをコピーする

　いよいよ、シートのコピーをしましょう。

構文

Sheetクラス.copyTo(spreadsheet)

◆引数
spreadsheet：シートをコピーする先のスプレッドシート(Spreadsheet)
◆戻り値
新しく作成したシート(Sheet)

　今回は、変数「ss」のスプレッドシートにそのままコピーしたいので、次のようにコードを入力します。

```
const ss = SpreadsheetApp.getActiveSpreadsheet();
const sheet = ss.getSheetByName("template");
sheet.copyTo(ss);
```

　ここで一度実行して、シートのコピーが作成されるか確認しましょう。

● スプレッドシートの画面

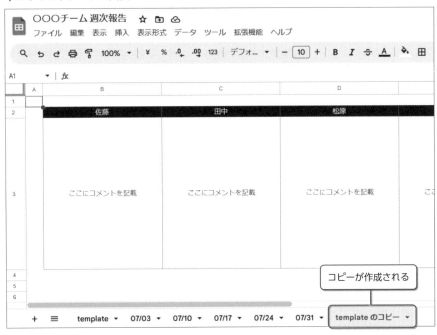

　これでコピーはできましたが、シート名が「template のコピー」となっていて、このままでは実用的ではありません。シート名変更の処理を加えましょう。コピーしたシートに対して操作できるように、変数「newSheet」の中にシートのデータを格納します。

```
const ss = SpreadsheetApp.getActiveSpreadsheet();
const sheet = ss.getSheetByName("template");
const newSheet = sheet.copyTo(ss);
```

✚ シートの名前を変更する

では、シートの名前を変更しましょう。

Sheetクラス.setName(name)

◆引数

name： シートの新しい名前（文字列）

◆戻り値

名前を変更したシート（Sheet）

名前の変更はとてもシンプルです。下記のようにコードを入力すると「MM/dd」という名前のシートが生成されます。ぜひ、練習がてら「MM/dd」以外の任意の名前でも試してみてください。

```
const ss = SpreadsheetApp.getActiveSpreadsheet();
const sheet = ss.getSheetByName("template");
const newSheet = sheet.copyTo(ss);
newSheet.setName("MM/dd");
```

実行すると、「MM/dd」という名前でシートのコピーが作成されます。

● スプレッドシートの画面

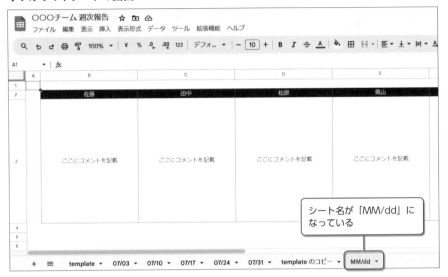

シート名の変更はできましたが、もう少し欲を言えば「MM/dd」ではなく、会議開催日の日付にできるとさらに実用的になりそうですね。ステップアップPointで「日付データを作成する方法」を解説するので、余裕がある方はぜひ挑戦してみてください。

⚑ トリガーを設定する

さいごにトリガーを設定しましょう。今回は、「週次」で実行したいスクリプトなので「週ベースのタイマー」を使います。曜日や時間帯はそのときどきに合わせた設定をしてください。

●「トリガー」の画面に移動

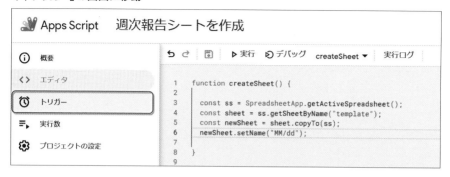

●「＋トリガーを追加」で新規設定を登録

● 「週ベースのタイマー」で週1で実行されるように設定

実行する関数を選択

createSheet ▼

実行するデプロイを選択

Head ▼

イベントのソースを選択

時間主導型 ▼

時間ベースのトリガーのタイプを選択

週ベースのタイマー ▼

曜日を選択

毎週月曜日 ▼

時刻を選択

午前 8 時〜9 時 ▼

(GMT+09:00)

エラー通知設定　＋

今すぐ通知を受け取る ▼

キャンセル　保存

Step Up! ステップアップ Point

　開発に欠かせない基礎知識とスプレッドシートの基本操作を学んできました。より自由度高く、安全なスクリプトを作成していくために知っておくと良いポイントが4つあるので紹介します。

・「日付データ」の操作方法
・「変数」の制約
・スプレッドシートの取得は「getActiveSpreadsheet」以外にも
・シート取得の注意事項

◆「日付データ」の操作方法

　本編ではシート名を「MM/dd」に設定しましたが、さらにバージョンアップして「今日の日付」が入るようにアップデートしていきましょう。開発していると、「今日」や「3日後」と日付データが必要になるシーンはよくあります。基本的な操作方法も合わせて学んでいきましょう。

現在時刻の取得

現在時刻は「new Date()」で取得できます。下記のコードを実行すると、ログに現在時刻が表示されます。

```
const date = new Date();
Logger.log(date);
```

● ログで確認

ただ、「new Date()」で取得ができるデータの書式は見慣れない形式になっています。

● サンプルデータ

```
Tue Aug 01 23:06:46 GMT+09:00 2023
>> 2023/08/01 23:06:46 (日本時刻)
```

これを、私たちがよく使う「yyyy/MM/dd」「MM/dd」などの書式に変更する方法もおさえておきましょう。

書式の変換

日付データの書式変換は次の通りです。

`Utilities.formatDate(date,timeZone,format)`

◆引数

date：書式変換したい日付（日付）

timeZone：タイムゾーン、日本時刻の場合は「JST」（文字列）

format：変換後の書式（文字列）

◆戻り値

書式変換した日付（文字列）

まずは「yyyy/MM/dd」形式に変換してみましょう。その場合は下記のように
コードを記述します。このとき「月」を示す「MM」は必ず大文字にしてください。
小文字の「mm」は「分」を示すので注意してください。

```
const date = new Date();
const today = Utilities.formatDate(date,"JST","yyyy/MM/dd");
Logger.log(today);
```

実行してログを確認すると、変数「today」の中身が「yyyy/MM/dd」形式になっ
ていることがわかります。

● ログで確認

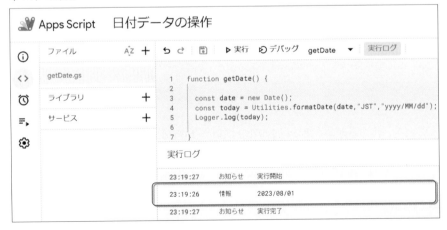

シート名に使いたい「MM/dd」形式にする場合は、下記のように指定をします。

```
const date = new Date();
const today = Utilities.formatDate(date,"JST","MM/dd");
Logger.log(today);
```

● ログで確認

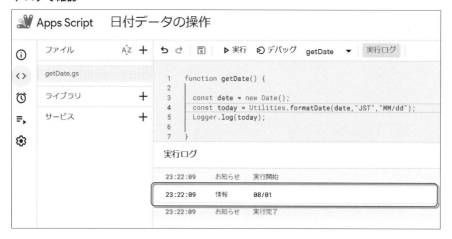

日付データの生成ができれば、本編で作成したスクリプトとつなげたら完成です。

```
function createSheet() {

  //スプレッドシートを取得
  const ss = SpreadsheetApp.getActiveSpreadsheet();

  //シートを取得
  const sheet = ss.getSheetByName("template");

  //シートをコピー
  const newSheet = sheet.copyTo(ss);
```

```
//今日の日付を取得
const date = new Date();
const today = Utilities.formatDate(date,"JST","MM/dd");

//コピーしたシート名を変更
newSheet.setName(today);

}
```

実行すると、シート名に今日の日付が反映されます。

● スプレッドシートの画面

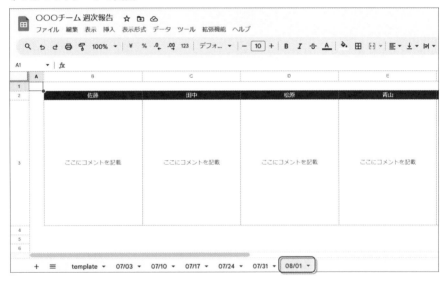

n日前、n日後の日付データを生成する

ここまでは、「new Date()」で現在時刻を取得する方法を学びました。これに「set○○○」と「get○○○」のMethodを組み合わせると、n日前、n日後のデータを生成することも可能です。

● 日付データの「設定」

Method	説明
setFullYear(year)	「年」を設定する
setMonth(month)	「月」を設定する（0〜11で指定、0：1月、1：2月…11：12月）
setDate(date)	「日にち」を設定する
setHours(hours)	「時間」を設定する

● 日付データの「取得」

Method	説明
getFullYear()	「年」を取得する
getMonth()	「月」を取得する（0〜11で取得、0：1月、1：2月…11：12月）
getDate()	「日にち」を取得する
getHours()	「時間」を取得する
getDay()	「曜日」を取得する（0〜6で取得、0：日曜、1：月曜…6：土曜）

　例えば、下記のコードで「1日前の日付」を生成することができます。ややこしそうなコードに見えるかもしれませんが、1つずつ要素分解してみると実はシンプルな構造であることがわかるので安心してください。

```
const date = new Date();
date.setDate(date.getDate()-1);
```

　まず「setDate」を使うと、日付データの「"日にち"を変更」することができます。例えば、下記のコードを実行すると、日にちを「15日」に変更することができます。

```
const date = new Date();
date.setDate(15);
```

　現在時刻を取得したときと、日付を設定したあとのdateをログで確認すると、日にちが「15日」に変更されていることがわかります。今回は、「1日前の日付」を

生成したいので、Parameterには「今日の日付-1」を指定すればOKです。

● 参考：ログで確認

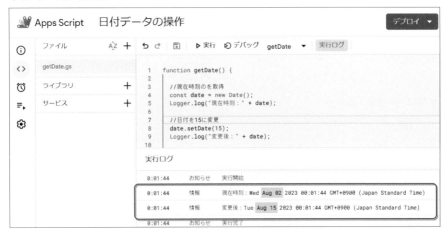

「getDate」を使うと、日付データの「"日にち"を取得」することができるので、これを組み合わせます。

```
//1日前の日付を取得
const date = new Date();
date.setDate(date.getDate()-1);
                今日の日付-1
```

現在時刻を取得したときと、日にちを設定したあとのdateをログで確認すると、日付が「1日前」に変更されていることがわかります。

● 参考：ログで確認

　これと同じ考え方で、1日後や7日前の日付を生成することができます。はじめは少しややこしく感じるかもしれませんが、慣れの問題ですので、何度か書いて身につけていきましょう。

```
//1日後の日付を取得
const date = new Date();
date.setDate(date.getDate()+1);
```

```
//7日前の日付を取得
const date = new Date();
date.setDate(date.getDate()-7);
```

✚ 変数の制約

　変数には任意の名前をつけることができますが、いくつかの制約があるのでおさえておきましょう。基本的には関数名の制約と同じです。

● 変数名の制約

・使える記号は「アンダーバー（_）」と「ドル（$）」のみ
・先頭に数字は付けられない（例：1name）
・途中に空白は含められない（例：new sheet）
・特別な意味を持つ単語（予約語）は使えない（例：function, null）

また、制約があるのは名前だけではありません。制約と聞くと「制限されてしまってやりづらくなるもの」という印象があるかもしれませんが、そうではありません。この制約こそがみなさんを守り、開発したスクリプトの品質を保証してくれるものになります。

まず、「const」で宣言をした変数は、スコープ内で同じ名前をつけること（再宣言）はできません。同じ名前の変数が存在する場合、スクリプトの保存ができずにエラーが表示されます。（スコープというのは中括弧で囲われた範囲のことです）

● 参考：同じ変数名を使った場合

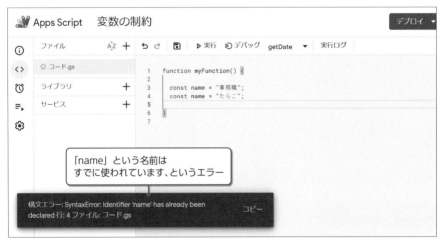

また、値の上書き（再代入）もできません。保存はできますが、実行するとエラーが表示されます。

● 参考：再代入をした場合

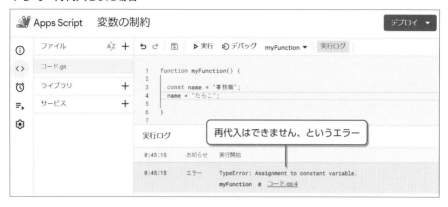

そのため、「const」を使って変数宣言をすると、（別データとして保持したかったのに）うっかり同じ名前を付けてしまったり、うっかり上書きしてしまったりすることで、意図せずにデータがちぐはぐになって結果がおかしくなってしまうという開発ミスが起きません。また、第三者から見たときにも、そういった開発ミスが潜んでいるリスクがないスクリプトであるということも明白です。「const」を使うことで、品質を担保することができます。

実は、変数には「const」の他に「let」「var」というキーワードも用意されていて、この2つは比較的制約がゆるく、再代入や再宣言が可能です。

	const	let	var
再宣言	×	×	○
再代入	×	○	○

「let」「var」が有用なシーンもあるのですが、「うっかり上書き」をしてしまうと不必要にバグの温床を生み出してしまうリスクがあります。そのため、**まずは「const」を使ってリスクなくスクリプトを作成することに慣れていきましょう。**

✚スプレッドシートの取得は「getActiveSpreadsheet」以外にも

「getActiveSpreadsheet」ではプロジェクトとくっついているスプレッドシートの

取得することができました。もちろんこれだけではなく、プロジェクトと関連のない特定のスプレッドシートを取得することも可能です。下記に「openById」を紹介しますが、他にも「openByUrl」でURL指定で取得する方法も用意されています。

構文

SpreadsheetApp.openById(id)

◆引数

id：取得するスプレッドシートのID(文字列)

◆戻り値

取得したスプレッドシート(Spreadsheet)

下記のコードで、特定のスプレッドシートを取得することができます。

```
SpreadsheetApp.openById("★ここにスプレッドシートIDを記載★");
```

スプレッドシートのIDはURLから取得することができます。

```
https://docs.google.com/spreadsheets/d/{id}/edit#gid=0
```

例えば、下記の場合は青字部分がIDに該当します。

```
https://docs.google.com/spreadsheets/d/1BkIhrnl5ERaJcnw9efIAZhlX
AJRqVvQJFDnbjNJvQRM/edit#gid=0
```

プロジェクトと関連のないスプレッドシートを取得したい場合は「openBy~」が利用できますので、覚えおきましょう。

シート取得の注意事項

シートは名称指定で取得をする「getSheetByName」を紹介しましたが、実は他の方法も存在します。ですが、これらの方法は状況によっては意図していないシートを取得してしまうリスクがあるため注意が必要です。

Method	説明	リスク	評価
getSheetByName(name)	シート名を指定して取得	シート名の変更に応じて、「name」の指定も変更する必要があるため、変更を失念すると結果がnullになる	おすすめ
getActiveSheet()	アクティブなシートを取得	「アクティブ」の判定が不安定な場合があり、意図したシートを取得できないことがある	－
getSheets()[n]	シートの並び順で取得	シートの順番変更に応じて、取得対象も変更する必要があるが、失念すると意図していないシートを取得してしまう	－

　「getSheetByName」を使っておけば、他のユーザーが管理者が把握していないところでシート名を変更してしまったとしても、シート名の変更に応じてスクリプトも変更しないと結果がnullになり、たいていの場合はそれ以降の処理でエラーが出るため、どこかで異変に気づくことができる可能性が高いです。

　他の2つは、意図しないシートを取得してしまっていても、基本的にはそのまま処理がすすんでしまうため、結果がおかしくなってしまうリスクがあります。エラーになれば、修正して再実行すればリカバリーできますが、結果がおかしいまま進行してしまうと、最悪大きな業務ミスにつながる可能性があります。

　一見すると、わざわざシート名指定で取得するのはめんどうに感じるかもしれませんが、**スクリプトを安定稼働させる鍵になりますのでシートの取得には「getSheetByName」を使うのがおすすめです。**

実践-3 ストレスフリーなタスク管理を実現しよう

学べること

・各アプリの「階層構造」
・「スプレッドシート」の基本操作

各アプリを自由自在に操作するには、どうしたらよい？

悩みポイント

　ここまでで、何となくコードの書き方はわかったけど、自分がやりたいことを実現するために、どうやってコードを組み立てればよいのかはまだイメージがつかない、という状態だと思います。実践-2では、やりたいことのステップを分解して、1ステップずつコードを組み立てました。この「分解」の鍵となるのがアプリの階層構造です。階層構造を理解すると、開発がぐっとスムーズになるので、ここでしっかりおさえておきましょう。

　今回は、スプレッドシートでタスク管理を行っているケースを想定して「当日期日の未完了タスク」をメールに通知する、という例題を通して学んでいきます。都度「やり忘れているタスクはないかな?」とスプレッドシートを開いて確認するのは手間ですし、何よりも確認を忘れてしまうとタスク漏れが発生するリスクもあります。自動で通知をすることで、こういったストレスとはおさらばしましょう。

　今回はタスク管理表の「E列:期日」が当日で、「F列:ステータス」が完了以外のタスクをメールに通知していきます。

● イメージ図

● サンプルコード

```
function sendAlert() {

  //スプレッドシートを取得
  const ss = SpreadsheetApp.getActiveSpreadsheet();

  //シートを取得
  const sheet = ss.getSheetByName("タスク一覧");

  //セル範囲を取得
  const range = sheet.getRange(3,16);

  //送付メッセージを取得
  const message = range.getValue();

  //メールを送信
  GmailApp.sendEmail("★ここにメールアドレスを記載★","【アラート】
本日期日のタスク",message);

}
```

これで解決

　今回は、アラート対象タスクのデータ抽出と通知メッセージの生成はスプレッドシート関数で、それ以降のメール通知の処理をGASで実装します。**もちろん、すべてGASで実装することもできますが、スプレッドシート関数を使えば1～2分で終わることに、（はじめのうちは）コードを書くと2～3時間かかるといったことがよく起きます。**時間をかけること自体は悪いことではありませんが、それがGASをあきらめる理由になってしまったら本末転倒です。既存の機能も上手く活用しながら、開発していきましょう。

ステップ

1 アラート対象タスクを抽出（QUERY関数）

2 各タスクのテキストを生成（ARRAYFORMULA関数 × INDIRECT関数）

3 通知メッセージを生成（TEXTJOIN関数 × IF関数）

スプレッドシート関数

4 スプレッドシートを取得する

5 シートを取得する

6 セルの範囲を取得する

7 セルの値を取得する

8 メールを送信する

GAS

解説

　それでは実際にやっていきましょう。

➕ アラート対象タスクを抽出

　まずはスプレッドシート関数での実装パートです。ここで出てくる関数はほとんど第2章で紹介したものなので、不安な部分がある方は復習しながら進めてください。

　通知対象にする「E列：期日」が当日で、「F列：ステータス」が完了以外のタスクの抽出には、QUERY関数を使って、次の数式を入力します。（解説のわかりやす

さの観点からタスク一覧と同じシートに数式を入れていますが、別シートにしても問題ありません）

```
=QUERY(B2:F,"select * where E = date '"&TEXT(TODAY(),"yyyy-MM-
dd")&"' and F <> '完了'")
```

● スプレッドシートの画面

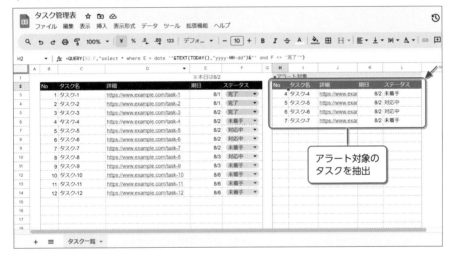

　タスク管理表の記載順でメールに記載したい場合はこのままで良いですが、ステータスごとにまとめて記載したいという場合は「order by」を使って並べ替えをすれば、簡単に実現できます。

```
=QUERY(B2:F,"select * where E = date '"&TEXT(TODAY(),"yyyy-MM-
dd")&"' and F <> '完了' order by F desc")
```

● スプレッドシートの画面

各タスクのテキストを生成

つづいて、通知メッセージに記載するタスク情報を1つのテキストにまとめます。これは次のTEXTJOIN関数で集約するための下準備です。最終的にどのタスクを対応すべきなのか、パッとわかるように「タスク名（ステータス）」をメールに記載しましょう。もちろん数式を変更して他の要素を入れても問題ありません。

まずはベースとなる数式の確認です。ここではシンプルにセルとセルの連結をしたいので、「&」で各要素とつなぎます。

```
=I3&"（"&L3&"）"
```

つぎに、上記の数式にARRAYFORMULA関数を組み合わせて、データが入っている範囲に、結果を反映できるようにアップデートしましょう。

```
=ARRAYFORMULA(I3:I6&"（"&L3:L6&"）")
```

さらに、上記のままでは範囲が固定でデータの増減に対応できないため、INDIRECT関数を組み合わせて、自動で対応できるようにすれば完成です。

```
=ARRAYFORMULA(INDIRECT("I3:I"&COUNTA(H:H))&"（"&INDIRECT("L3:L"&
COUNTA(H:H))&"）")
```

● スプレッドシートの画面

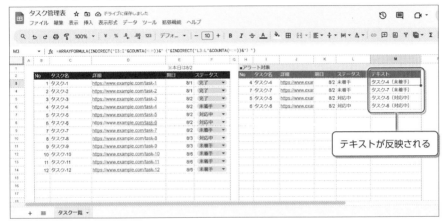

📛通知メッセージを生成

　では、各テキストをまとめて、最終的にメールに記載するメッセージを生成しましょう。TEXTJOIN関数を使って、「M3:M」に反映した各タスクのテキストを改行（CHAR(10)）区切りでつなげます。（TEXTJOIN関数についてはダウンロード特典で詳しく解説をしています）

```
=TEXTJOIN(CHAR(10),true,M3:M)
```

● スプレッドシートの画面

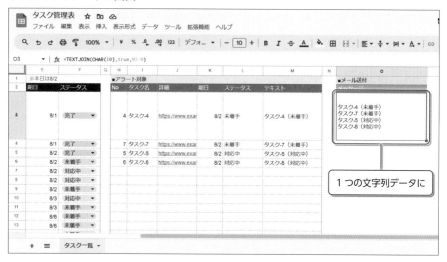

　また、タスク情報の前後に定型文をつけたい場合は、文字列をダブルクォート（ " ）で囲い、要素をアンド（&）でつなぐと1つの文字列として、セルに結果を表示させることができます。

```
="おはようございます。
本日期日の未完了タスクがあるので、忘れずに対応しましょう。


------------------------------------------
"&
TEXTJOIN(CHAR(10),true,M3:M)
&"

------------------------------------------


詳細はタスク管理表で確認してください。
https://docs.google.com/spreadsheets/d/xxxxxxxxxxxxxx/edit#g
id=0"
```

● スプレッドシートの画面

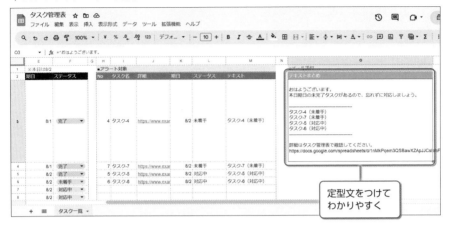

定型文をつけて
わかりやすく

未完了タスクがない場合の、通知メッセージを決める

TEXTJOIN関数で通知したいメッセージの生成はできましたが、このままだと、アラート対象タスクがない場合に意味のわからないメッセージを送信することになってしまいます。

● 参考：アラート対象タスクがない場合

この状態ではとてもわかりづらいので、IF関数を使って、アラート対象タスクがない場合はその旨がわかるメッセージが表示されるようにしましょう。O列の数式

にIF関数を組み合わせても良いですが、数式が長くわかりづらくなってしまうため、P列に下記数式を入力します。

=IF(H3="","本日期日のタスクはありません。",O3)

● スプレッドシートの画面（アラート対象タスクがない場合）

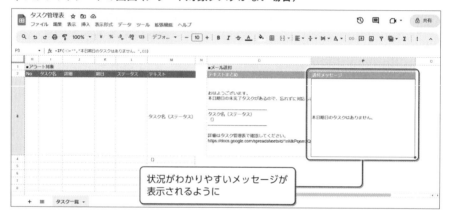

● スプレッドシートの画面（アラート対象タスクがある場合）

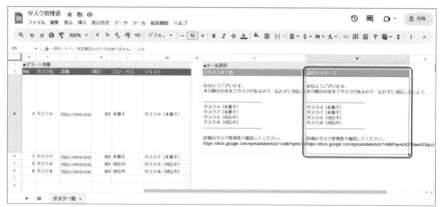

　もちろん、そもそもアラートするタスクがない場合はメール送信をしないようにGASで設定することも可能です。その場合は「〜の場合は〇〇〇、〜の場合は△△△」と条件によって処理を分けることができる「if文」を使います。if文について

は実践-6で解説しますので、興味のある方はそちらを参考にしてください。

では、これでメッセージの準備は完了です。GASでメッセージが表示されている「P3セル」の値を取得して、メール送信する部分の実装に入りましょう。

スプレッドシートの階層構造

コードを組み立てる前に、アプリの階層構造について学びましょう。**階層構造を理解すると、やりたいことを実現するためにはどのようなステップでコードを組み立てていけばよいのかを自分の頭で考えられるようになります。** 逆に、これを理解していないと、どのようにコードを組み立てれば良いかがわからず、なかなかすすめなくなってしまいます。GASを使いこなすために欠かせない知識ですので、しっかりおさえておきましょう。

スプレッドシートに限らず、ドキュメントやGmailといった各アプリは、「Class（クラス）」を要素とした「階層構造」になっています。例えば、スプレッドシートの階層構造は下記の通りです。（ここまでに登場した「〇〇〇クラス」は、この階層構造の要素に該当するものです）

● スプレッドシートの階層構造

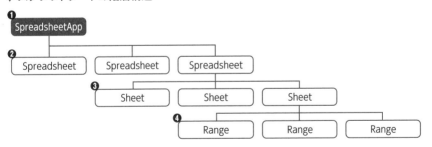

スプレッドシートを操作したいときは、**最上位階層（❶）から順にブレークダウンをして、自分が操作したい階層（❷❸❹…）にたどりつく必要があります。**下位階層に直接アクセスすることは出来ないため、最上位階層からひとつずつ順番にブレークダウンする必要があります。

では、スプレッドシートの階層構造の詳細を確認しましょう。最上位階層はスプレッドシートというアプリケーション（SpreadsheetApp）で、その中には個別のファイルであるスプレッドシート（Spreadsheet）が存在します。

● スプレッドシートの階層構造❶❷

　そして、スプレッドシートの中に入ると、いくつかのシート（Sheet）があって、その中にはたくさんのセル範囲（Range）が存在します。

● スプレッドシートの階層構造❸❹

「セルの値を取得したい」という場合は、「アプリ>スプレッドシート>シート>セル範囲」と最上位階層から一階層ずつブレークダウンをして、操作したい対象のClass（クラス）を取得する必要があります。

　実はすでに実践-2でも、「アプリ>スプレッドシート>シート」とブレークダウンをしていました。

● 参考：実践-2 シートを取得

```
//スプレッドシートを取得（アプリ>スプレッドシート）
const ss = SpreadsheetApp.getActiveSpreadsheet();

//シートを取得（スプレッドシート>シート）
const sheet = ss.getSheetByName("template");
```

　「ブレークダウンしてお目当てのClass（クラス）にたどり着く。たどり着いたらやりたいことを命令する」と、まるで山登りのように一歩一歩進めていきます。少しややこしく感じるかもしれませんが、これ以降の実践問題でコードに慣れていくと、自然と階層構造をインプットできるので安心してください。（実はここで紹介しているClass以外にもたくさん要素は存在するのですが、まずは主要なものをおさえておきましょう）

　では、順にコードを書き進めていきましょう。

✚ プロジェクト・ファイル・関数の準備をする

　今回は、スプレッドシートのデータを取得して進めるスクリプトのため、Container-bound型のプロジェクトを用意します。

● プロジェクトを開く

　プロジェクトの準備ができたら、あとあと管理しやすいように名前を付けましょう。下記を参考にしつつ、みなさんがわかりやすい、管理しやすいと思う名前を付けておきましょう。

● プロジェクトの画面

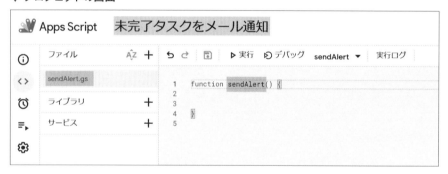

✦ スプレッドシート・シートの取得

　まず、スプレッドシートとシートの取得までは実践-2の復習です。

```
//スプレッドシートを取得
const ss = SpreadsheetApp.getActiveSpreadsheet();

//シートを取得
const sheet = ss.getSheetByName("タスク一覧");
```

✛セル範囲の取得

シートの取得ができたら、次はセル範囲(Range)の取得です。

Sheetクラス.getRange(row, column)

◆引数

　　row：セルの行番号(整数)

column：セルの列番号(整数)

◆戻り値

取得したセル範囲(Range)

引数に、「row(行番号)」と「column(列番号)」が出てきました。行と列はそれぞれ1からはじまる番号を持っていて、取得したいセル範囲を番号で表現します。

まず、**行番号は「上」から、「1」スタートで数えます。**これは私たちがいつも目にしている行番号と同じ数です。

● 行の数え方

つづいて、**列番号は「左」から、「1」スタートで数えます。**

● 列の数え方

　例えば、A1セルは1行1列目なので「getRange(1,1)」、B4セルは4行2列目なので「getRange(4,2)」、C2セルは2行3列目なので「getRange(2,3)」と指定をします。行→列の順なので間違えないようにしましょう。

● スプレッドシートの画面

　列番号を数えるのが大変なときは、スプレッドシートの「COLUMN関数」を使うと、簡単に把握することができます。番号を知りたい列の任意のセルに「=COLUMN()」と入力すると列番号が表示されます。この方法で確認すれば、数え間違えることもないのでおすすめです。

● スプレッドシートの画面

これをふまえて、今回取得したい「P3セル」は3行16列目なので「getRange(3,16)」の指定で取得できます。

● スプレッドシートの画面

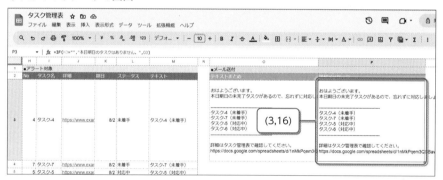

下記のようにコードを記述すると、セル範囲（Range）の取得まで完了です。

```
//スプレッドシートを取得
const ss = SpreadsheetApp.getActiveSpreadsheet();

//シートを取得
const sheet = ss.getSheetByName("タスク一覧");

//セル範囲を取得
const range = sheet.getRange(3,16);
```

　実は「getRange("P3")」としても同じ結果を得られます。ですが、rowとcolumnでの指定方法をおさえておくと、取得対象のセル範囲が固定ではなく、実行タイミングによって動的に変わるようなケースの対応がスムーズになるため、こちらの方法を紹介しています。本書では基本的に番号指定の方法で解説を進めます。

✚ セルの値の取得

　いよいよ、セルの値の取得です。

構文

Rangeクラス.getValue()

◆戻り値
セルの値

　下記のコードで、セルの値を取得することができます。実行して、意図通りの結果になっていることをログで確認しましょう。(ここでしっかり結果を確認することで、コードにミスがあった場合に早めに気づいて修正することができます)

```
//スプレッドシートを取得
const ss = SpreadsheetApp.getActiveSpreadsheet();

//シートを取得
const sheet = ss.getSheetByName("タスク一覧");

//セル範囲を取得
const range = sheet.getRange(3,16);

//送付メッセージを取得
const message = range.getValue();
Logger.log(message);
```

● ログで確認

「getValue」は単一セルの値を取得するときに使うもので、複数セルの値を一括取得したい場合は「getValues」を使います。ここの詳細については実践-5で解説していきます。

✂ メールを送信

では、メッセージの取得ができたので、さいごにメール送信するコードを追記しましょう。下書き作成は「createDraft」でしたが、送信は「sendEmail」を使います。

```
GmailApp.sendEmail(recipient, subject, body)
```

◆引数

recipient：メールの宛先、複数指定する場合はカンマ(,)で区切る（文字列）

subject：メールの件名（文字列）

body：メールの本文（文字列）

◆戻り値

GmailAppクラス（GmailApp）

下記のコードで、スプレッドシートで生成したメッセージをメールに送信することができます。

```
//スプレッドシートを取得
const ss = SpreadsheetApp.getActiveSpreadsheet();

//シートを取得
const sheet = ss.getSheetByName("タスク一覧");

//セル範囲を取得
const range = sheet.getRange(3,16);

//送付メッセージを取得
const message = range.getValue();

//メールを送信
GmailApp.sendEmail("★ここにメールアドレスを記載★","【アラート】本日期日のタスク",message);
```

　実行すると、指定したアドレス宛にメール送信されますので、実際に送信しても問題ないアドレスを指定しましょう。指定が間違っていないか不安な場合は、一度「createDraft」で下書き作成をしてみて、生成されるメールが意図通りの内容か確認してから「sendEmail」に書き換えると安心です。(特に自分以外の方にメール送信する場合に、内容の間違いがあると迷惑がかかってしまいますので、「createDraft」もうまく活用して慎重にすすめましょう)

● Gmailの画面

あとはトリガー設定をすれば、定期的に自動送付する準備は完了です。土日祝は送付せず、平日のみ稼働させたいという場合は実践-7で紹介する方法と組み合わせると実現できます。

ステップアップPoint

実践問題を通して、スプレッドシートの階層構造を学びました。他アプリの操作もできるように、それぞれの構造を理解しておきましょう。実は階層構造は奥深く、ここで紹介するClass（クラス）はあくまで全体の一部なのですが、「まずはこれをおさえておけば、第一歩をふみ出せる」というものをしっかりまとめているので、まずはこの内容をおさえておきましょう。

メモ

いまの時点で完璧に理解する必要も、暗記する必要もありません。必要になったときに、コードを書きながら、このページに戻って復習しながら理解を深めていきましょう。

🔷 Gmailの階層構造

　Gmailの階層構造は下記の通りです。最上位階層は「GmailApp」ですが、ほとんどのアプリの最上位階層が「〇〇〇App」という名前です。

● Gmailの階層構造

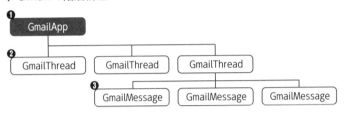

　最上位階層はGmailというアプリケーション（GmailApp）で、その中にはメールのやりとりをまとめたスレッド（GmailThread）が存在します。

● Gmailの階層構造❶❷

　さらにスレッドの中に入ると、1通1通のメッセージ（GmailMessage）があり、ここまでブレークダウンするとメッセージの宛先や件名などの各種情報を取得することができます。

● Gmail の階層構造❸

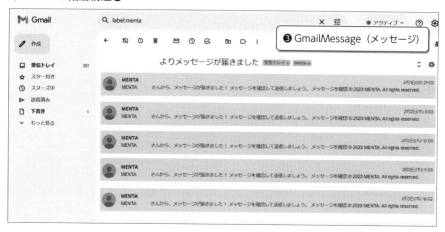

❸ GmailMessage（メッセージ）

● 主要な Method

階層	Class	Method	戻り値	説明／使用例
❶	GmailApp	search(query)	GmailThread[]	指定のクエリで Gmail 検索して、スレッドを取得
				GmailApp.search("label: 請求関連");
❷	GmailThread	getMessages()	GmailMessage[]	スレッド内のすべてのメッセージを取得
				GmailThread クラス .getMessages();
❸	GmailMessage	getFrom()	メッセージの送信者	メッセージの送信者を取得
				GmailMessage.getFrom();
❸	GmailMessage	getSubject()	メッセージの件名	メッセージの件名を取得
				GmailMessage.getSubject();
❸	GmailMessage	getPlainBody()	メッセージの本文	メッセージの本文を取得
				GmailMessage.getPlainBody();

メモ

・戻り値の ［］ は一次元配列を表します。例えば、GmailThread[] は GmailThread
　クラスが一次元配列に格納されることを意味しています。

　例：[GmailThread,GmailThread,GmailThread]

・一次元配列については実践-4 で解説します

✚ カレンダーの階層構造

カレンダーの階層構造は下記の通りです。

● カレンダーの階層構造

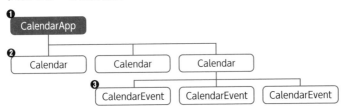

　最上位階層はカレンダーというアプリケーション（CalendarApp）で、その中には個別のカレンダー（Calendar）が存在します。そして各カレンダーには、いくつもの予定（CalendarEvent）が登録されていて、ここまでブレークダウンすると予定の日時やタイトルなどの各種情報を取得することができます。

● カレンダーの階層構造❶❷❸

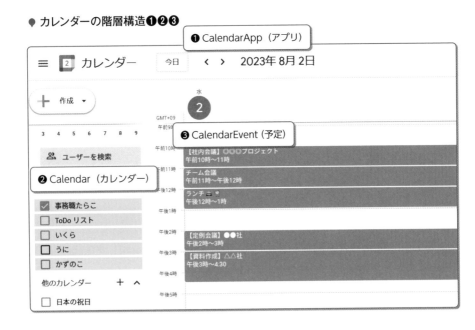

● 主要なMethod

階層	Class	Method	戻り値	説明／使用例
❶	CalendarApp	getCalendarById(id)	Calendar	ID指定でカレンダーを取得
				CalendarApp.getCalendarById("taraco@example.com");
❷	Calendar	getEventsForDay(date)	CalendarEvent[]	指定された日付に登録されている、すべての予定を取得

				//今日の予定を取得
				const today = new Date();
				Calendarクラス.getEventsForDay(today);

❷	Calendar	getEvents(startTime, endTime)	CalendarEvent[]	指定された日時の間に登録されている、すべての予定を取得 (複数日の予定を一括取得することもできる)

				//今日の12:00 ～ 18:00の予定を取得
				const startTime = new Date();
				startTime. setHours(12,0,0,0);
				const endTime = new Date();
				endTime. setHours(18,0,0,0);
				Calendarクラス.getEvents(startTime,endTime);

❸	CalendarEvent	getStartTime()	予定の開始日時	予定の開始日時を取得
				CalendarEventクラス.getStartTime();
❸	CalendarEvent	getEndTime()	予定の終了日時	予定の終了日時を取得
				CalendarEventクラス.getEndTime();
❸	CalendarEvent	getTitle()	予定のタイトル	予定のタイトルを取得
				CalendarEventクラス.getTitle();

✚ フォームの階層構造

フォームの階層構造は下記の通りです。

● フォームの階層構造

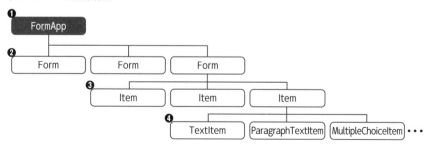

最上位階層はフォームというアプリケーション（FormApp）で、その中には個別のフォーム（Form）が存在します。

● フォームの階層構造❶❷

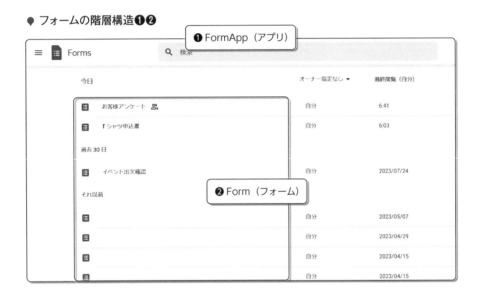

　そしてフォームの中には、いくつかの質問（Item）が設定されていて、質問には記述式（TextItem）・段落（ParagraphTextItem）・ラジオボタン（MultipleChoiceItem）・チェックボックス（CheckboxItem）など、さまざまな種類が存在します。

● フォームの階層構造❸❹

　❸❹階層は「質問」という同じ要素を指しますが、質問の種類によって設定できる項目などが異なるため、❸質問（Item）から、❹でその種類を深掘りする、という構造になっています。

階層	Class	Method	戻り値	説明／使用例
❶	FormApp	getActiveForm()	Form	プロジェクトのコンテナとなっているフォームを取得
				FormApp.getActiveForm();
❶	FormApp	openById(id)	Form	ID指定でフォームを取得
				FormApp.openById("1Abcxx xxxxxxxxx");
❶	FormApp	openByUrl(url)	Form	URL指定でフォームを取得
				FormApp.openByUrl("htt ps://docs...");
❷	Form	getItems()	Item[]	フォーム内すべての質問を取得
				Formクラス.getItems();
❸	Item	asTextItem()	TextItem	質問を「記述式」アイテムとして取得
				Itemクラス.asTextItem();
❸	Item	asParagraphTextItem()	ParagraphTextItem	質問を「段落」アイテムとして取得
				Itemクラス.asParagraphTextIt em();
❸	Item	asMultipleChoiceItem()	MultipleChoiceItem	質問を「ラジオボタン」アイテムとして取得
				Itemクラス.asMultipleChoiceI tem();
❸	Item	asCheckboxItem()	CheckboxItem	質問を「チェックボックス」アイテムとして取得
				Itemクラス.asCheckboxIt em();
❹	CheckboxItem	getTitle()	質問のタイトル	質問のタイトルを取得
				CheckboxItemクラス.getTit le();
❹	CheckboxItem	getChoices()	Choice[]	質問のすべての選択肢を取得
				CheckboxItemクラス.getChoi ces();

🧩 ドライブの階層構造

ドライブの階層構造は次の通りです。

● ドライブの階層構造

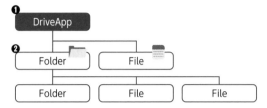

ドライブの構造はとてもシンプルです。最上位階層がドライブというアプリケーション（DriveApp）で、その中にフォルダ（Folder）やファイル（File）が存在します。

● ドライブの階層構造❶❷

ドライブでは「フォルダ」の中にさらに「フォルダ」を作ることも出来ますが、その階層に関わらず最上位階層の「DriveApp」からアクセスすることができます。

● 主要なMethod

階層	Class	Method	戻り値	説明／使用例
❶	DriveApp	getFolderById(id)	Folder	ID指定でフォルダを取得
				DriveApp.getFolderById("1Abcxxxxxxxxxxx");
❶	DriveApp	getFileById(id)	File	ID指定でファイルを取得
				DriveApp.getFileById("2Defxxxxxxxxxxx");

	Folder	getName()	フォルダの名前	フォルダの名前を取得
❷-1				Folderクラス.getName();
❷-1	Folder	getUrl()	フォルダのURL	フォルダのURLを取得
				Folderクラス.getUrl();
❷-2	File	getName()	ファイルの名前	ファイルの名前を取得
				Fileクラス.getName();
❷-2	File	getUrl()	ファイルのURL	ファイルのURLを取得
				Fileクラス.getUrl();

✎メモ

　複数フォルダや複数ファイルを一括取得することも可能です。その方法については
ダウンロード特典の実践-9で解説します。

　フォルダIDとファイルIDは、それぞれURLから取得ができます。IDは他のシーン
でも出てくることがあるので、おさえておきましょう。

　フォルダIDは、下記の青字部分がIDに該当します。

```
https://drive.google.com/drive/folders/{id}

例：
https://drive.google.com/drive/folders/1R1EO8nl1e1ceSO6JARaRum-
Dhcq99qY_
```

　ファイルIDは、下記の青字部分がIDに該当します。

```
https://docs.google.com/{app}/d/{id}/edit

例：
https://docs.google.com/document/d/1909bvmWUmOAAmA251Hkqz8JEjQSn
```

✦ドキュメントの階層構造

ドキュメントの階層構造は下記の通りです。

● ドキュメントの階層構造

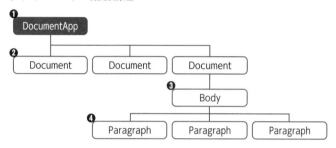

最上位階層はドキュメントというアプリケーション（DocumentApp）で、その中には個別のファイルであるドキュメント（Document）が存在します。

● ドキュメントの階層構造❶❷

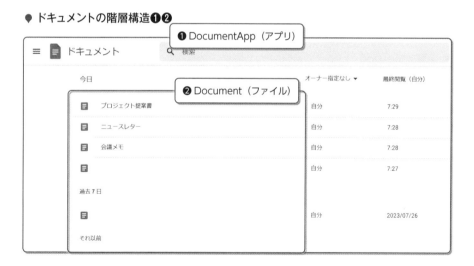

そしてドキュメントの中に入ると、本文（Body）があって、その中にいくつかの段

落（Paragraph）が存在するという構造になっています。

● ドキュメントの階層構造❸❹

❸ Body（本文）

❹ Paragragh（段落）

● 主要なMethod

階層	Class	Method	戻り値	説明／使用例
❶	DocumentApp	getActiveDocument()	Document	プロジェクトのコンテナとなっているドキュメントを取得
				DocumentApp.getActiveDocument();
❶	DocumentApp	openById(id)	Document	ID指定でドキュメントを取得
				DocumentApp.openById("1Abcxxxxxxxxxxx");
❶	DocumentApp	openByUrl(url)	Document	URL指定でドキュメントを取得
				DocumentApp.openByUrl("https://docs...");
❷	Document	getBody()	Body	ドキュメントの本文を取得
				Documentクラス.getBody();
❸	Body	getParagraphs()	Paragraph[]	本文内すべての段落を取得
				Bodyクラス.getParagraphs();

❹	Paragraph	getText()	段落のテキスト	段落のテキストを取得
				Paragraphクラス.getText();

◆ スライドの階層構造

スライドの階層構造は下記の通りです。スライドは、線・画像・図形・グラフなどの様々な要素で構成されるため、登場するClassが多いのが特徴です。

● スライドの階層構造

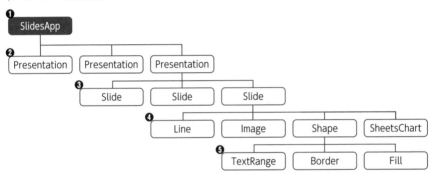

最上位階層はスライドというアプリケーション（SlidesApp）で、その中には個別のファイルであるプレゼンテーション（Presentation）が存在します。

● スライドの階層構造❶❷

そしてプレゼンテーションの中に入ると、ページに該当するスライド（Slide）が
あって、その中に線（Line）・画像（Image）・図形（Shape）・グラフ（SheetsChart）な
ど、さまざまな要素が存在します。

● スライドの階層構造❸❹

ここまでは他アプリと同様に、私たちが画面操作するときに扱う要素で構成さ
れているので、なんとなくイメージしやすいですね。ただ、スライドはここで終わり
ではありません。要素の種類にもよりますが、例えば、図形とテキストボックスに
該当するShapeは、次図のように細かく分解された要素で構成されています。

● スライドの階層構造❺

少し複雑に感じるかもしれませんが、まずは「スライドは細かく分解された要素
で構成されている」ということを認識しておきましょう。スライド操作については

実践-5で解説します。

● 主要な Method

階層	Class	Method	戻り値	説明／使用例
❶	SlidesApp	getActivePresentation()	Presentation	プロジェクトのコンテナとなっているプレゼンテーションを取得
				SlidesApp.getActiveDocument();
❶	SlidesApp	openById(id)	Presentation	ID指定でプレゼンテーションを取得
				SlidesApp.openById("1Abcxxxxxxxxxxx");
❶	SlidesApp	openByUrl(url)	Presentation	URL指定でプレゼンテーションを取得
				SlidesApp.openByUrl("https://docs...");
❷	Presentation	getSlides()	Slide[]	プレゼンテーション内すべてのスライドを取得
				Presentationクラス.getSlides();
❸	Slide	getLines()	Line[]	スライド内すべての線を取得
				Slideクラス.getLines();
❸	Slide	getShapes()	Shape[]	スライド内すべての図形・テキストボックスを取得
				Slideクラス.getShapes();
❹	Shape	getText()	TextRange	図形・テキストボックスのテキスト範囲を取得
				Shapeクラス.getText();
❺	TextRange	asString()	範囲のテキスト	範囲のテキストを取得
				TextRangeクラス.asString();

第4章

自動化でさらなる
レベルアップ

事務職からのピボット

理想を現実に

　スプレッドシート関数やGoogle Apps Scriptなど、新しい技術やツールは私たちが思っている以上に身近な存在ですが、そのことに気づいている人はまだ多くはありません。そのため、**現状の業務プロセスが「理想的なベストなもの」ではなくて、よりよい方法があることを知らなかったり、それを実現するスキルがない状態で設計された「改善余地が大いにあるもの」であることがほとんどです。**

　GASでできるのは、作業を既存手順のまま自動化することだけではありません。各アプリを自由につないで、各工程を自動化することができるので「こうだったらいいのにな」という理想的なプロセスを再設計して実現することができます。ChatGPTなどのAIを誰もが手軽に使える時代になりましたが、これは大きなチャンスです。「GASで〇〇〇をするコードを書いて」と命令をすれば、すぐにサンプルコードを手に入れることができます。もちろん間違った回答の可能性はありますが、GASの基礎を理解できていれば、でたらめなことを言っていそうだなと違和感を察知することができるので、コードを書いていく上でとても強力なアシスタントにすることができます。AIを誰でも手軽に使える時代だからこそ、それをうまく活用すれば、従来では考えられないほどのスピードで自分の武器を増やすことができます。

　そして、みなさんは現場業務に向き合っているからこそ、現場の課題や社員の気持ちをよく知っているはずです。だからこそ、技術を味方にすると、現場にフィットしたプロセスを設計することができます。みなさんならではの強みを武器に、業務をデザインして実現することがあたりまえになると、「AIに仕事を奪われる事務職」から「AIなどの技術を味方に、その時代にふさわしい業務プロセスやフロー設計ができる人材」にピボットすることができます。

　実践問題を通して、理想を現実にするために欠かせない知識をインプットして、自分のものにしていきましょう。

実践-4 フォームとカレンダーの連携でイベント運営の工数削減

一次元配列

学べること

- 複数データをまとめて扱う「一次元配列」
- 「フォーム送信」のイベントトリガーの扱い方
- 「カレンダー」の基本操作

よく出てくる「配列」って、いったい何？

悩みポイント

　　　　GASについて何かを調べたり、書籍やネット記事を読んでみると、ことあるごとに「配列」というキーワードが出てきます。これはプログラミングの一般用語のひとつなのですが、未経験者からすると全くなじみのない単語で「なんだかむずかしそうで嫌だなぁ」という印象を受けるかもしれません。ただ実際はそんなことはなく、一歩ずつ理解していけば、配列はとっても心づよい味方になってくれます。

　今回は、イベントの参加申し込みをGoogleフォームで受け取ったら、カレンダーの予定に申し込みした人を招待する、という例題を通して、「一次元配列」の扱い方を学んでいきましょう。フォームを使ってイベント参加者を募るシーンで、申し込みから予定登録までに時間が空いてしまうと「きちんと申し込みできているかな？」と不安な気持ちにさせてしまったり、他の予定が入らないように自ら予定登録する必要があったりと、申し込みする人に負担をかけてしまいます。こういったシーンで各アプリの連携ができるGASを使うと、シームレスなフローを実現することができます。

　フォームで申し込み（回答）を受け取ったら、カレンダーの予定に自動招待するスクリプトを作成しましょう。

● イメージ図

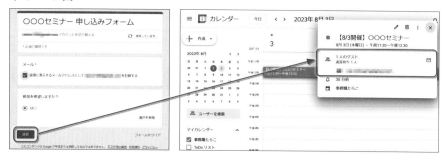

● サンプルコード

```
function addGuest(e) {

  //フォーム回答からアドレスを取得
  const values = e.values;
  const address = values[1];

  //予定のゲストにユーザーを追加
  const calendar = CalendarApp.getCalendarById("★ここにカレンダー
IDを記載★");
  const event = calendar.getEventById("★ここに予定のIDを記載★");
  event.addGuest(address);

}
```

これで解決

　今回は3つのステップで、カレンダーの予定にゲストを招待します。

ステップ

1 フォーム回答から、申し込みした人のメールアドレスを取得する

2 カレンダーから、予定を取得する

3 予定に、ゲストを追加する

実践-4からはステップをコード単位ではなく、ざっくりとした工程単位で記載しています。各工程の詳細は各節で解説します。

解説

それでは実際にやっていきましょう。スクリプト作成に入る前に、カレンダー予定とフォームの準備をしていきます。

✚カレンダーの予定を準備する

まずは、最終的にゲストを追加する予定をカレンダーに登録しましょう。日時やタイトルなどは自由に設定していただいて問題ありません。

● カレンダーに予定を登録

✚イベント参加申し込みフォームを準備する

つづいて、フォームを準備しましょう。Googleドライブの任意のフォルダで「＋新規>Googleフォーム」で新しいフォームを作成します。

● ドライブの画面

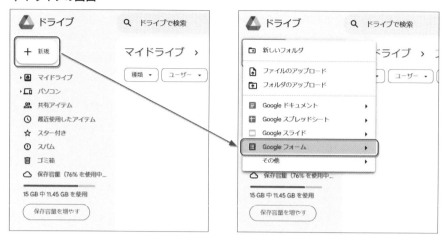

● フォームの画面

　今回は「参加意思」と「参加する人（予定に招待すべき人）のメールアドレス」
が収集できればよいので、次図のように設定します。まずは、デフォルトの状態か
らタイトル・質問を編集しましょう。

● フォームの画面

　タイトルを変更したら、画面左上の「無題のフォーム」をクリックします。そうすると、ファイル名が自動で反映されます。（無題のままだと、のちのち管理しづらいため、名前を設定しておきましょう）

● フォームの画面

　つづいて、メールアドレスを収集する設定をしましょう。「設定>回答>メールアドレスを収集する」で設定ができます。「確認済み」を選択すると、ログインしているGoogleアカウントのメールアドレスを自動取得することができます。ユーザーが自由記載する形式にすると、記載ミスが起きる可能性があるため自動収集の設定を活用します。

● フォームの画面

フォームの準備が完了したら、意図通りの見え方になっているか、右上の「プレビュー」で実際のフォーム画面を確認しておきましょう。

● フォームの画面

● フォームの画面 (プレビュー)

○○○セミナー 申し込みフォーム

▇▇▇▇▇▇▇アカウントを切り替える

* 必須の質問です

メール *

☐ 返信に表示するメールアドレスとして ▇▇▇▇▇▇ を記録する

参加を希望しますか？

◯ はい

送信　　　　　　　　　　　　　　　　　　フォームをクリア

回答スプレッドシートとプロジェクトを準備する

次に、フォームの回答を反映するスプレッドシートを準備します。「回答>スプレッドシートにリンク」から、回答をリアルタイムに自動反映するスプレッドシートを作成することができます。

● フォームの画面

● スプレッドシートの設定画面

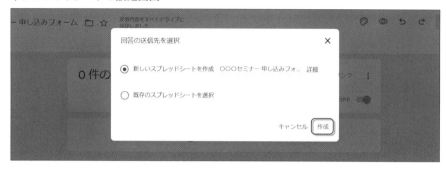

● 回答スプレッドシートの画面

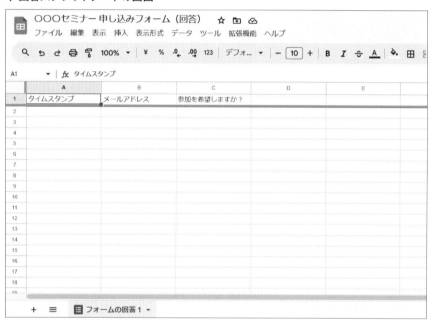

● 参考：回答が送信されると、スプレッドシートに反映される

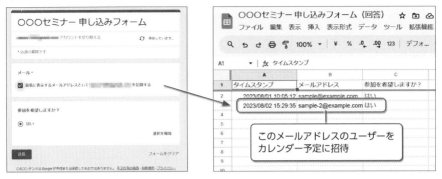

スプレッドシートの準備ができたら、そこからプロジェクトを開きましょう。スプレッドシートに反映される回答データを取得して、スクリプト作成していくため、「回答スプレッドシート」からContainer-bound型のプロジェクトを準備します。

● プロジェクトを開く

✚プロジェクト・ファイル・関数に名前を付ける

プロジェクトの準備ができたら、あとあと管理しやすいように名前を付けましょう。任意の名前を付けることができるので、みなさんがわかりやすい、管理しやすいと思う名前を付けておきましょう。

● プロジェクトの画面

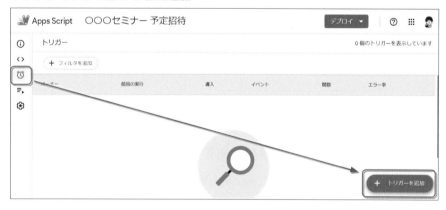

● トリガーの設定をする

では、ここからスクリプト作成に入ります。今回は「フォームの回答」をトリガー（きっかけ）にスクリプト実行されるようにしたいので、まずはトリガーの設定をしましょう。

● トリガー画面に遷移して、設定追加

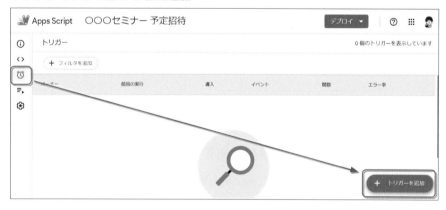

フォームの回答をトリガーにする場合は、イベント設定を「スプレッドシートから＞フォーム送信時」にすればOKです。（エラー通知設定は忘れずに「今すぐ通知を受け取る」に設定しましょう）

　これで関数addGuestが、フォームの回答が送信されると自動実行される設定ができました。ここまでできたら、コードを組み立てていきましょう。

フォーム回答情報を取得する

　上記のように**イベントトリガーを設定すると、イベントの詳細情報（Event Objects）を受け取ることができます。**例えば、「フォーム送信」の場合はフォームの回答情報を取得できたり、「スプレッドシートの編集」の場合は、編集されたセル範囲や編集前後の値などの情報を取得することができます。今回はフォーム回答の「メールアドレス」を使って、予定に招待するため、まずはメールアドレスをイベント情報の中から取り出していきましょう。

　イベント情報の受け取り方はとってもシンプルです。関数名の括弧の中、つまり引数として任意の変数名を入力するだけです。こうするとフォーム送信されたときに、指定した変数に各種情報が格納されます。（「event」の頭文字の「e」とすることが多いです）

```
function addGuest(e) {

}
```

この中に入っている情報はいくつかあるのですが、まずは下記3つを把握しておきましょう。実際によく使うのは1つめの「values」です。それ以降の2つは、いつか活躍する日がくるかもしれませんので、「こういうデータも取得できるらしい」となんとなく頭に入れておきましょう。

プロパティ	値	使用例／データ例
values	「回答」を一次元配列に格納したデータ	e.values [2023/08/02 15:36:26 , sample@example.com, はい]

namedValues	「質問」と「回答」を連想配列に格納したデータ	e.namedValues
		
		{
		メールアドレス=[sample@example.com],
		参加を希望しますか? =[はい],
		タイムスタンプ=[2023/08/02 15:36:26]
		}

range	編集されたセル範囲を示す「Rangeクラス」	e.range Range

実際に「回答」を取得する場合は、下記のようにコードを入力します。プロパティは対象データの詳細を取得するキーワードのようなもので、Methodとは別ものため末尾の括弧は不要です。

```
const values = e.values;
Logger.log(values);
```

📝／メモ

「e.values」を入力するときに、入力候補は出てきませんが、手動で記載して問題ありません。(この段階では「e」の中に入っているデータが何か、スクリプトだけではGASが判断できないため、入力候補は出てきません)

では一度、どのようなデータを取得できているか、フォーム回答からスクリプトを実行して確認しましょう。このとき「▷実行」のクリックではなくて、フォーム回

答を送信することで実行する必要があります。「▷実行」をクリックで動かすと下記のエラーが出るので注意してください。

● 参考：エディタから実行するとエラーに

● エラー文

```
TypeError: Cannot read properties of undefined (reading 'values')
```

　エラーが出るのはコードが間違っているからではありません。変数「e」はイベント情報（フォーム回答）を受け取る箱のため、フォーム送信以外で実行すると「e」の中身は、まだデータが何も入っていない状態になるためです。「Cannot read properties of undefined」は「undefined（値がない）のプロパティは読み込めないよ」ということを意味しています。（フォーム回答することで「e」の中に情報が入ります）

　そのため、イベントの詳細情報（Event Objects）を受け取って処理をするスクリプトを実行したい場合は、実際にイベントを発生させる必要があります。

● フォーム回答をして、スクリプトを実行する

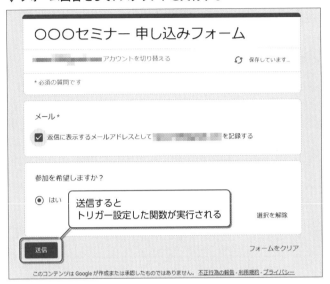

■ 「実行数」の画面で過去ログを確認

　フォーム回答で実行したスクリプトのログは「実行数」の画面で確認することができます。

● 実行数の画面に移動

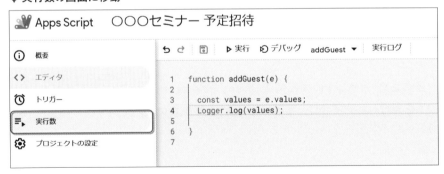

　「実行数」は過去の実行ログを確認できる画面で、最新履歴が一番上に表示されるように並んでいます。

● 実行数の画面

実行ログを確認したい履歴の行をクリックすると、ログが表示されます。確認してみると、意図通り「回答」のデータを取得できていることがわかります。また、この回答データの順は、スプレッドシートの並び順と同じになる仕様です。

● ログを表示

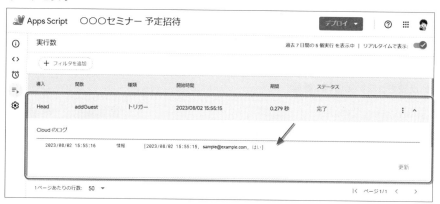

● データの並び順は、回答スプレッドシートと同じ

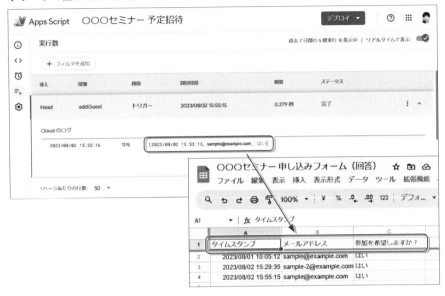

　ここは数秒〜数十秒、反映に時間がかかることがあるため「表示されるはずのログが表示されない」という場合は少し時間をおいて「更新」をクリックすると反映されます。

● 反映されない場合は「更新」

✚「回答」からメールアドレスを取得 – 一次元配列 –

先ほど確認した回答データは、下記のようになっていました。このデータが「一次元配列」と呼ばれるデータ型です。

```
[2023/08/02 15:55:15, sample@example.com, はい]
```

「一次元配列」とは

角括弧（[]）に囲われて、各要素がカンマ（ , ）で区切られている形式のデータのことです。（配列内の各データのことを「要素」と呼びます）

```
[2023/08/02 15:55:15, sample@example.com, はい]
        要素                 要素          要素
```

「配列」とは、複数のデータをまとめて扱うことができるデータ型のことで、いろいろと種類があるのですが、その中のひとつが「一次元配列」です。今回は「タイムスタンプ・メールアドレス・参加希望」の3つのデータを1つにまとめた配列です。

「要素」を取り出す方法

配列の各要素には左から順に、0以降の連番が振られています。（各要素がじぶんの番号を持っている状態です）

```
[2023/08/02 15:55:15, sample@example.com, はい]
        0                    1             2
```

そして、変数名[番号]と入力すると、配列の中から特定の要素を取り出すことができます。例えば、上記の配列データが入っている変数「values」から、一番左側の0番目の要素（タイムスタンプ）を取り出したいときは、下記のようにコードを記述します。

```
const values = e.values;
```

```
const timestamp = values[0];
```

　同じように1番目の要素ならvalues[1]、2番目ならvalues[2]という形で各要素を取り出すことができます。今回は1番目に位置するメールアドレスのデータのみ必要なので、下記のコードを記述します。（ぜひ、ここで一度、変数「address」の中身が意図通りになっているか、「Logger.log」を使って確認してみましょう）

```
const values = e.values;
const address =  values[1];
```

　「e.values」で取得できる配列のデータは、スプレッドシートの並び順と一致する仕様になっているので「この要素は何番目かな?」と思ったら回答スプレッドシートで確認するとスムーズです。A列から順に0,1,2…と数えると、番号をさくっと確認することができます。

● 参考：回答データの並び順は、スプレッドシートと一致する

これで、フォーム回答からメールアドレスを取得することができました。そうしたら、回答ユーザーを予定のゲストに追加する工程に進みましょう。

- 一次元配列は、角括弧（[]）に囲われて、各要素がカンマ（,）で区切られている形式のデータ

  ```
  例：["りんご","バナナ","梨",...]
  ```

- 配列の要素には左から順に、0以降の連番が振られる

  ```
  例：["りんご","バナナ","梨",...]
         0       1      2
  ```

- 配列内の特定の要素は、変数名[番号]で取り出せる

  ```
  例：const fruits = ["りんご","バナナ","梨",...];
     Logger.log(fruits[0]);
     >> りんご
     Logger.log(fruits[1]);
     >> バナナ
     Logger.log(fruits[2]);
     >> 梨
  ```

カレンダーの階層構造をおさらい

続いて、カレンダー操作に入っていきます。カレンダーの階層構造は次図のようになっていましたね。今回は「予定」にゲストを追加したいので、予定に該当する「CalendarEvent」までブレークダウンする必要があります。

4
自動化でさらなるレベルアップ

223

● カレンダーの階層構造

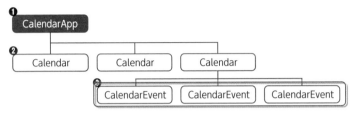

✚ カレンダー（Calendar）の取得

まずは、カレンダーの取得です。予定を登録しているカレンダーを取得しましょう。

```
CalendarApp.getCalendarById(id)
```

◆引数
id：取得するカレンダーのID（文字列）
◆戻り値
取得したカレンダー（Calendar）

IDはカレンダー画面の「 ⋮ >設定と共有>カレンダーID」から確認できます。Googleアカウントと紐づくデフォルトのカレンダーの場合、IDはGoogleアカウントのメールアドレスです。（カレンダーIDは「設定と共有」のページ下部に記載されています）

● カレンダーの画面

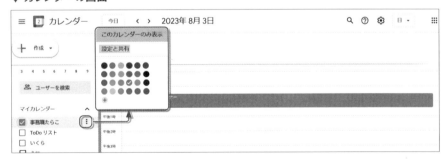

● 設定と共有の画面

　これをふまえて、下記のコードでカレンダーの取得ができます。

```
const calendar = CalendarApp.getCalendarById("★ここにカレンダーID
を記載★");
```

予定（CalendarEvent）の取得

　つづいて、予定の取得です。これには、いくつかのMethodが用意されています
が、今回は特定の予定を取得したいため、下記を使います。

Calendarクラス.getEventById(iCalId)

◆引数
iCalId：取得する予定のID（文字列）
◆戻り値
取得した予定(CalendarEvent)

　予定のIDはGASでも取得することができますが、今回はお手軽にカレンダーの
画面から取得する方法をお伝えします。まずはカレンダーの画面にアクセスをし
て、URLの末尾に「?eventdeb=1」を付けて読み込みます。

● カレンダーの画面

　このURLの状態で、IDを取得したい予定の「 ⋮ 」をクリックすると、一番下に「トラブルシューティング情報」が出てくるので、これをクリックしてください。

● カレンダーの画面

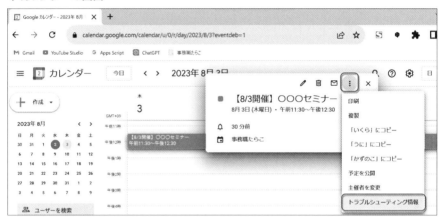

　そうすると次図のようなポップアップが表示されます。さまざまな情報が入っていますが「eid=」に続く文字列がIDです。このIDをクリップボードにコピーして、コードの記述に進みましょう。

● トラブルシューティング情報の画面

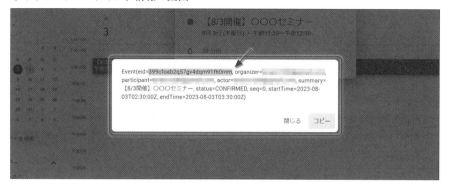

　下記のコードで予定の取得ができます。

```
const calendar = CalendarApp.getCalendarById("★ここにカレンダーID
を記載★");
const event = calendar.getEventById("★ここに予定のIDを記載★");
Logger.log(event);
```

取得したデータの確認

　ではここで、取得した「予定」のデータが意図通りのものになっているかをログ
で確認しましょう。その際、メールアドレス取得の処理はコメントアウトで実行対
象外にした状態で、エディタの「▷実行」から実行しましょう。

● エディタの画面

前述のとおり、変数「e」はイベント情報（フォーム回答）を受け取る箱のため、コメントアウトしない状態で「▷実行」で動かすとエラーになります。実際にフォーム回答を送信することで、実行しても良いのですが、確認したい「カレンダーの予定を取得」する部分の処理は変数「e」のデータを利用しない箇所なので、コメントアウトすることで手軽に実行することができます。

● ログで確認

　実行して、変数「event」の中身を見てみると「CalendarEvent」と表示されます。これは「CalendarEventクラス」を取得できているということです。ここまではうまくいっていそうですが、**この確認だけでは、本当に意図通りの予定が取得できているかはわかりません**。そのため、もう一歩進んだ確認をしてみましょう。CalendarEventクラスに対して「getTitle()」というMethodを使うと、予定のタイトルを取得することができます。これを利用して、意図通りの結果になっていることを確認しましょう。

```
const title = event.getTitle();
Logger.log(title);
```

　こうすると、取得したかった「【8/3開催】○○○セミナー」の予定が取得できていることがわかります。

● ログで確認

「get○○○」のMethodを使うと、取得しているデータが意図したものになっているかの確認ができるので、入力候補で使えそうなものがないか見てみて、活用していくと開発がスムーズになるのでおすすめです。

➕予定に、ゲストを追加

予定（CalendarEvent）の取得ができたので、最後にゲストの追加をしたら完成です。

CalendarEventクラス.addGuest(email)

◆引数

email：追加するゲストのメールアドレス（文字列）

◆戻り値

ゲストを追加した予定（CalendarEvent）

次のコードでゲストの追加ができます。先ほどコメントアウトにしていたコードはアクティブな状態に戻しておきましょう。コメントアウトするときと同様に、行にカーソルを合わせた状態でショートカットキーを使うとアクティブな状態に戻ります。

4
自動化でさらなるレベルアップ

● 「コメントアウト」のショートカット

Windows	Mac
Ctrl＋/	Command＋/

```
//フォーム回答からアドレスを取得
const values = e.values;
const address = values[1];

//予定のゲストにユーザーを追加
const calendar = CalendarApp.getCalendarById("★ここにカレンダーID
を記載★");
const event = calendar.getEventById("★ここに予定のIDを記載★");
event.addGuest(address);
```

　フォームに回答して、回答したアカウントが予定に追加されるか確認しましょう。

● フォーム回答して、挙動を確認

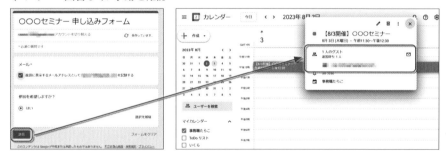

　もしゲストにうまく追加されない場合は、「実行数」の画面でエラーが出ていないか確認してみましょう。ステータスが「失敗しました」になっている場合はエラーが発生しているということで、行をクリックするとエラーの理由を確認することができます。エラーの解消方法については、第5章の「よくあるエラーと解消方法」で解説します。

● 参考：「実行数」でエラーの詳細を確認

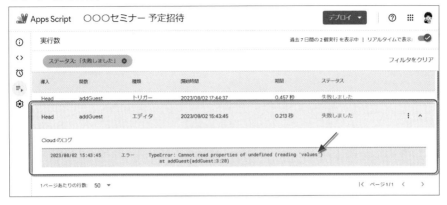

ステップアップ Point

実践問題を通して、少しずつコードを書いて動かすことに慣れてきたのではないでしょうか。これからGASを活用していく上で、知っておくべき「制限と上限」をステップアップPointとして紹介します。

制限と上限について（Quotas & limits）

実はGASは無制限にいくらでも動かせるというわけではなく、制限・上限が存在します。これについては下記の公式リファレンスにまとめられています。

● 制限と上限のページ

https://developers.google.com/apps-script/guides/services/quotas

各種操作の1日あたりの制限は「現在の割り当て（Current quotas）」に記載されています。上限はそこまで厳しくないので、気にしなくても良いケースの方が多いのですが、ざっくりと上限がどの程度のものなのか目を通しておきましょう。アクセスすると標準では英語になっていますが、画面右上で言語設定を変更できます。

● 制限と上限の画面

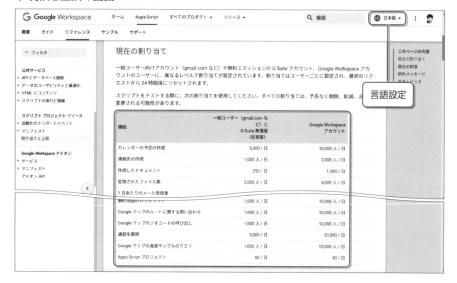

また、スクリプトの上限についてはページ中央部の「現在の制限（Current limitations）」に記載されています。**特に注目すべきは、スクリプトの実行時間（ランタイム）は1回あたり6分までという点です。上限を超えてしまうと、処理が途中で終了してしまうため、スクリプトの処理を時間内におさめる必要があります。**（契約しているプランによっては、6分以上実行できる場合もあります）

● 制限と上限の画面

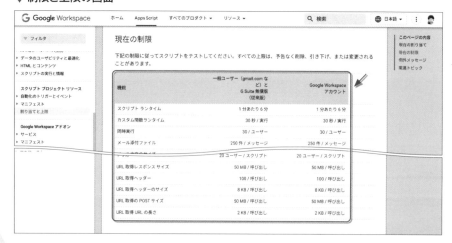

「スクリプトの処理を時間内におさめる必要がある」と聞くと、どうしたら良いのかわからないと感じると思うのですが、**ポイントは「配列」と「繰り返し処理」をしっかり活用することです**。この2つをきちんと使えると、使わない場合に比べて何倍も処理スピードが速くなります。実践-7以降で「配列」と「繰り返し処理」について解説するので、しっかりおさえていきましょう。

実践-5 スライド報告資料を自動生成しよう

二次元配列

学べること

- ・複数データをまとめて扱う「二次元配列」
- ・文字列と変数をつなぐのに便利な「テンプレートリテラル」
- ・「スライド」の基本操作
- ・スプレッドシートの「ボタン・メニュー」からスクリプト実行する方法
- ・スプレッドシートに「ポップアップ画面」を表示する方法

スプレッドシートで範囲の値を一括取得するときに出てくる「二次元配列」って？

悩みポイント

実践-3ではスプレッドシート内の1つのセルの値を、下記コードのように「getRange」と「getValue」を組み合わせて取得しました。

● 復習

```
//A1セルの値を取得
const ss = SpreadsheetApp.getActiveSpreadsheet();
const sheet = ss.getSheetByName("★ここにシート名を記載★");
const range = sheet.getRange(1,1); //A1セルの範囲を取得
const value = range.getValue(); //範囲の値を取得
```

ただ、テーブル（表）のすべてのデータに対して処理をしたいシーンなど、複数セルの値の取得が必要になることがよくあります。ここまでの知識だけだと、例えば100セル分の値を取得したいときに「getRange」と「getValue」を100回記述する必要がありますが、もちろんその必要はなく1回でまとめて取得することが可能です。（まとめて取得すれ

ば「getRange」と「getValue」の実行も1回で済むため、処理時間の短縮にもなり、スクリプト実行時間の上限オーバーの回避にもつながります）

　複数セルの値を一括取得するときに、欠かせないのが「二次元配列」の知識です。複数セルの値をまとめて取得すると「二次元配列」というデータ型で結果を得ることができます。（一次元配列の進化版のようなものです）

　今回は、スプレッドシートの売り上げデータからスライド報告資料を自動生成する、という例題を通して「二次元配列」の扱い方を学びます。「名前からして、ややこしそう…」という印象を受けると思うのですが、これが理解できると開発がぐっとスムーズになるので、一緒に頑張っていきましょう。

● イメージ図

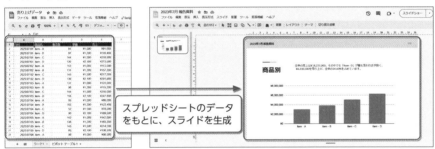

スプレッドシートのデータをもとに、スライドを生成

● サンプルコード

```
function createSlide() {

  //G1:G5の値を取得
  const ss = SpreadsheetApp.getActiveSpreadsheet();
  const sheet = ss.getSheetByName("ピボット テーブル 1");
  const range = sheet.getRange(1,7,5,1);
  const values = range.getDisplayValues();

  //各データを取り出し
  const title = values[0][0];
  const sum = values[1][0];
  const item = values[2][0];
```

```javascript
  const sales = values[3][0];
  const percent = values[4][0];


  //コメントを生成
  const comment = `全体の売上は${sum}。その中でも「${item}」が最も
売れ行きが良く、
${sales}を売り上げ、全体の${percent}を占めています。`;


  //グラフを取得
  const charts = sheet.getCharts();
  const chart = charts[0];


  //テンプレートファイルを取得
  const templateFile = DriveApp.getFileById("★ここにファイルIDを
記載★");


  //フォルダを取得
  const folder = DriveApp.getFolderById("★ここにフォルダIDを記載
★");


  //テンプレートファイルをコピー
  const newFile = templateFile.makeCopy(title,folder);


  //新しく作成したファイルのIDを取得
  const newFileId = newFile.getId();


  //プレゼンテーションを取得
  const presentation = SlidesApp.openById(newFileId);
  const slides = presentation.getSlides();
  const slide = slides[0];
  const shapes = slide.getShapes();


  //タイトル設定
  const titleShape = shapes[0];
```

```
const titleRange = titleShape.getText();
titleRange.setText(title);

//コメント設定
const commentShape = shapes[1];
const commentRange = commentShape.getText();
commentRange.setText(comment);

//グラフを挿入
const image = slide.insertSheetsChartAsImage(chart);

//グラフの大きさ・位置を調整
image
  .scaleHeight(0.8)
  .scaleWidth(0.8)
  .alignOnPage(SlidesApp.AlignmentPosition.HORIZONTAL_CENTER)
  .setTop(6.15 * 28.3465);

//UIにスライドURLを表示
const ui = SpreadsheetApp.getUi();
const btn = ui.ButtonSet.OK;
const url = newFile.getUrl();
ui.alert("完了😊","スライド作成が完了しました\n"+url,btn);

}
```

これで解決

　　　今回は5つのステップで、スプレッドシートのデータをもとに
スライドを生成します。スライドに反映する各種データやグラ
フは、ステップ1~3でスプレッドシートの基本機能を利用して準備します。もちろ
ん、この部分をGASで実装することもできますが、スプレッドシート関数やピボッ
トテーブルを活用してさくっと準備して進めていきます。

1 （ピボットテーブルで）商品別の売り上げを集計

2 （QUERY関数などで）スライドに反映するデータを抽出

3 （ピボットテーブルのデータから）グラフを作成

4 スプレッドシートから各種データを取得

5 スライドにデータを反映

GAS

スプレッドシート

解説

それでは実際にやっていきましょう。

ピボットテーブルを準備する

今回作成するのは「商品別」の売り上げ報告資料なので、まずは「日別×商品別」の元データを、ピボットテーブルを使ってこの粒度に集計しましょう。

対象のデータ範囲を選択した状態で「挿入>ピボットテーブル」から挿入することができます。列全体を範囲選択しておくと、データが増えた場合も自動でピボットテーブルの結果に反映されるので、列全体を範囲選択するのがおすすめです。

● スプレッドシートの画面

ピボットテーブルでは、報告資料に必要な商品別の「売上」と「全体に対する割合」を集計します。画面右側のピボットテーブルエディタで、「行」に商品名を、「値」に売上の設定をしましょう。

● ピボットテーブルエディタの画面

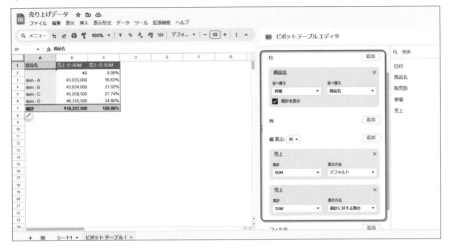

　また、総計は不要なため、行の「総計を表示」のチェックを外しておきます。

● ピボットテーブルエディタの画面

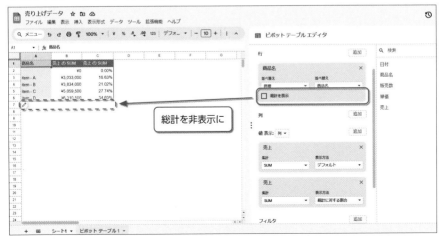

総計を非表示に

下図の通り、ピボットテーブルの範囲で列全体を指定すると空白行も入ってしまうため、「フィルタ」で空白行は除外するように設定しておきます。今回は「商品名」が「空白ではない」データのみが集計対象になるように設定します。（この後に挿入するグラフに空白データが入ることを、この設定で回避します）

● ピボットテーブルエディタの画面 - 1

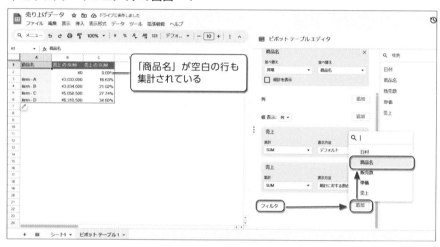

● ピボットテーブルエディタの画面 - 2

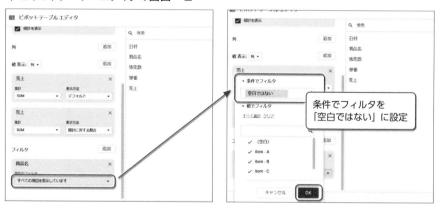

● ピボットテーブルの画面

また、標準の状態だと、「全体に対する割合」の項目名が「売上のSUM」となっていてわかりづらいので、C1セルを編集して「売上の割合」に書き換えておきましょう。

● ピボットテーブルの画面

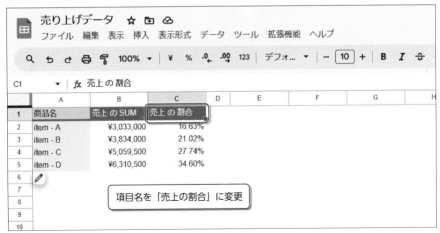

これで報告の元となるピボット集計が完了です。

✚ コメントに必要なデータを準備する

つづいて、スライドに記載する「タイトル」「総計」「売り上げNo.1の商品データ」をスプレッドシート関数を使って準備します。

● スライド画面

● スプレッドシートの画面

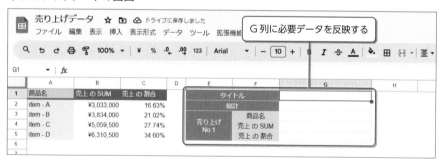

この方法以外でも、ピボットテーブルの中にも同様のデータがあるため、そこから取得することもできます。ただ、取得する範囲がバラバラだとコードが少しややこしくなるので、今回はまとめて簡単に取得できるように、G列に必要なデータのみを反映していきます。

タイトル

まずは「TEXT関数」でタイトルを生成しましょう。次の数式をG1セルに入力します。

```
=TEXT('シート1'!A2,"yyyy年M月 報告資料")
```

● TEXT関数の結果

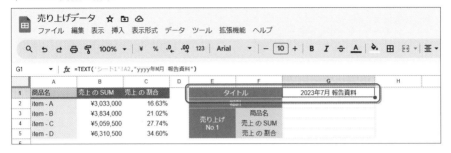

「シート1!A2」には「2023/07/01」の日付データが入っているので、これを TEXT関数で書式変更しています。今回は1か月分のデータを想定していて、A列には7月の日付しか入っていないため、A2以外のセルを元にタイトルを生成しても問題ありません。ただ理由なく中途半端な位置を指定していると、意図が不明瞭で、あとあと誰かが混乱する要因になるので、一番上のA2を指定しています。

● 参考：シート1!A2

総計

次に「SUM関数」で売上総計を算出しましょう。ここでも、データが増えた場合に数式を変える必要がないように「B2:B」と列全体を指定しておきましょう。G2セルに次の数式を入力します。

```
=SUM(B2:B)
```

● SUM 関数の結果

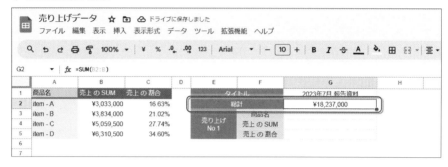

売上No.1データ

つづいて、「QUERY関数」でNo.1の商品データのみを抽出しましょう。「order by」を使って売り上げ降順で並べ替え、「limit」で並べ替えた範囲の1件目(つまり売上金額がいちばん高い商品データ)のみを抽出します。下記の数式をF3セルに入力します。

```
=QUERY(A:C,"select * order by B desc limit 1")
```

● QUERY 関数の結果

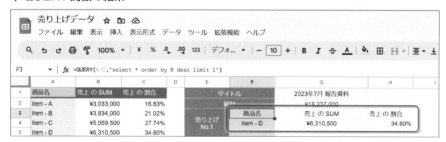

また、このままだと、各項目が横並びの状態なので、「TRANSPOSE関数」を組み合わせて行と列を入れ替えて、結果を縦並びにします。横並びのままでも良いのですが、今回の場合は、必要なデータが1列にまとまっていた方が値の取得が

しやすいので並び変えておきます。

```
=TRANSPOSE(QUERY(A:C,"select * order by B desc limit 1"))
```

● QUERY関数×TRANSPOSE関数の結果

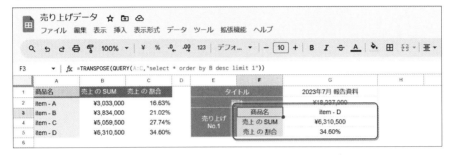

これでコメントに必要な、各種データの準備は完了です。

✚ グラフを準備する

では、スライドに挿入するグラフを準備しましょう。ピボットテーブルの任意の
セルにカーソルを合わせた状態で「挿入>グラフ」を選択すると、ピボットテーブ
ルのデータを使ったグラフを挿入することができます。

● スプレッドシートの画面

グラフの種類や体裁は自由に設定をしてください。

● 参考：グラフエディタで各種設定

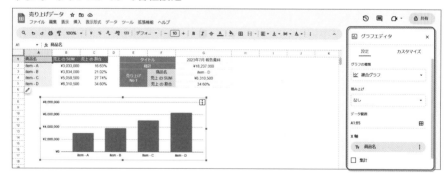

これで、スライドに反映するデータやグラフの準備は完了です。スクリプトの準備に進みましょう。

🔷プロジェクト・ファイル・関数の準備をする

今回は、スプレッドシートのデータを取得して処理を進めるスクリプトのため、Container-bound型でプロジェクトを用意します。

● プロジェクトを開く

プロジェクトの準備ができたら、あとあと管理しやすいように名前を付けましょう。下記を参考にしつつ、みなさんがわかりやすい、管理しやすいと思う名前を付けておきましょう。

● プロジェクトの画面

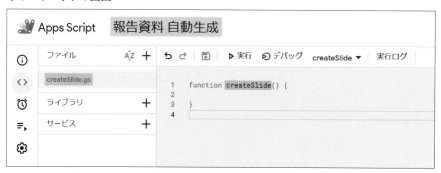

🔷スプレッドシートからテキストを取得する

まずは、スライドに反映するテキストを取得しましょう。「ピボット テーブル 1」シートの「G1:G5」の値をまとめて一括で取得していきます。

● スプレッドシートの画面

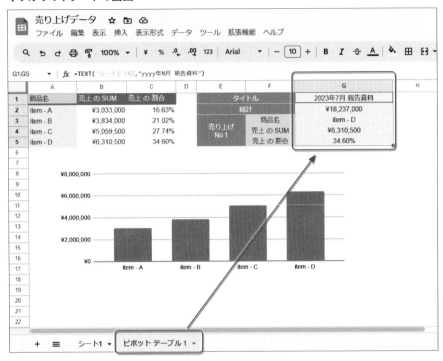

　実践-3で、スプレッドシートからセルの値を取得するときは、4つのステップが必要になることを学びました。下記は1セルの値を取得するコードですが、今回はこれをアップデートして、「G1:G5」の複数セルの値を一括で取得します。

● 復習

```
//スプレッドシートを取得
const ss = SpreadsheetApp.getActiveSpreadsheet();

//シートを取得
const sheet = ss.getSheetByName("★ここにシート名を記載★");

//セル範囲を取得(A1)
const range = sheet.getRange(1,1);
```

```
//範囲の値を取得
const value = range.getValue();
```

スプレッドシート・シートの取得

まず、スプレッドシートとシートの取得をしましょう。取得したい「G1:G5」のセルが入っているのは「ピボット テーブル1」シートなので、これを取得します。

```
const ss = SpreadsheetApp.getActiveSpreadsheet();
const sheet = ss.getSheetByName("ピボット テーブル 1");
```

セル範囲（複数）を取得する

つぎは、セル範囲の取得です。まずは、複数セルの範囲をまとめて取得する方法を確認しましょう。1セルを取得する場合と同じ「getRange」を使って、4つの引数で範囲を表現します。

Sheetクラス.getRange(row, column, numRows, numColumns)

◆引数

   row：範囲の開始セルの行番号（整数）

  column：範囲の開始セルの列番号（整数）

 numRows：範囲の行数（整数）

numColumns：範囲の列数（整数）

◆戻り値

取得したセル範囲（Range）

引数が多いので「むずかしそう…」という印象を抱くかもしれませんが、実はシンプルな構造です。まずは、簡単な例で確認していきましょう。

まず、「範囲の開始セル」とは範囲を選択したときの、いちばん左上のセルのことです。例えば「A1:D10」の範囲の場合は「A1」が開始セルに該当します。

4

自動化でさらなるレベルアップ

● スプレッドシートの画面

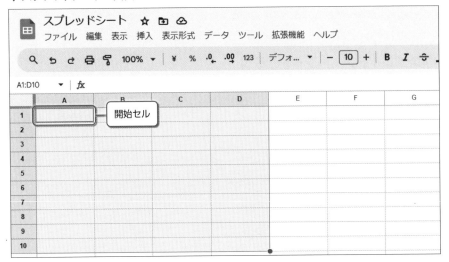

　第1引数と第2引数の「row」「column」は「開始セル」の行番号と列番号を指定する引数なので、下記の指定をすればOKです。（ここがあやふやな方は、実践-3で行番号・列番号の数え方を復習しましょう）

```
getRange(1, 1, numRows, numColumns)
```

　つづいて、第3引数の「numRows」とは取得する範囲の行数を示します。「A1:D10」の範囲の場合は「10行」のデータなので、この場合は下記の指定をします。

```
getRange(1, 1, 10, numColumns)
```

● スプレッドシートの画面

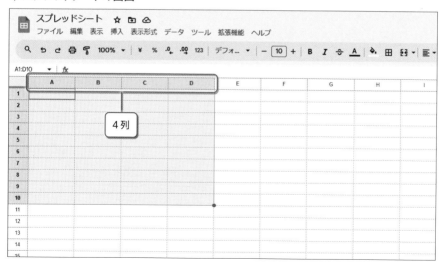

そして、**第4引数の「numColumns」は取得する範囲の列数**で、「A1:D10」の
範囲の場合は「4列」のデータなので、この場合は下記の指定をします。

```
getRange(1, 1, 10, 4)
```

● スプレッドシートの画面

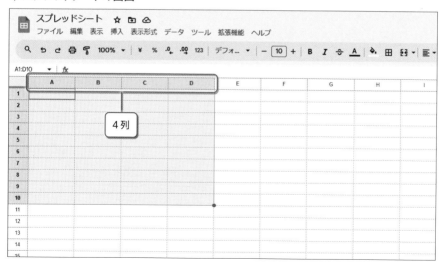

まとめると、**複数セル範囲は「開始セルから何行何列」で表現します。**「A1:D10」は「A1セル(1,1)から10行4列」なので、下記の指定になります。

```
getRange(1, 1, 10, 4)
```

● A1セルから10行4列の範囲

これを踏まえて、今回取得したい「G1:G5」の範囲を「getRange」で取得するにはどう指定したら良いかを考えましょう。

● Q:「G1:G5」は「〇〇セルから何行何列」の範囲？

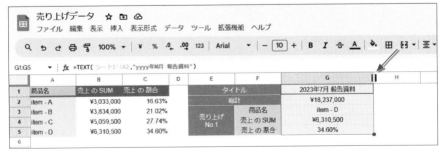

「G1:G5」は「G1セル(1,7)から5行1列」の範囲なので、次のコードでセル範囲を取得することができます。

```
const ss = SpreadsheetApp.getActiveSpreadsheet();
const sheet = ss.getSheetByName("ピボット テーブル 1");
const range = sheet.getRange(1,7,5,1);
```

● 参考

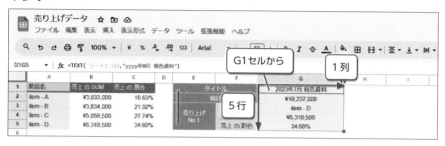

セル範囲（複数）の「値」を取得する

　範囲の取得ができたら、値の取得に進みましょう。単一セル範囲のときは
「getValue」でしたが、複数セル範囲の場合は「getValues」と末尾に「s」がつい
て複数系になります。

Rangeクラス.getValues()

◆戻り値
セルの値（二次元配列）

　下記のコードで、セル範囲の値を取得できます。取得したデータをログで確認
できるように、「Logger.log」も入れています。

```
const ss = SpreadsheetApp.getActiveSpreadsheet();
const sheet = ss.getSheetByName("ピボット テーブル 1");
const range = sheet.getRange(1,7,5,1);
const values = range.getValues();
Logger.log(values);
```

実際にコードを記述して、どのような形式で値を取得できるのかログで確認すると、下記の結果になります。「G1：G5」のデータが表示されますが、「総計・売上のSUM・売上の割合」のデータの書式が、スプレッドシートと異なる状態です。

● ログで確認

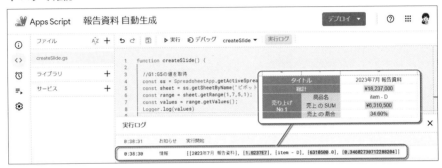

　これは「getValue」「getValues」の仕様で、スプレッドシート側で設定している表示形式は保持されず、記載されているデータが数値なら数値で、日付なら日付で、文字列なら文字列で、そのデータ型のまま取得してくれるMethodだからです。データの書式はGASの標準のものになるため、ログが上図のようになっています。

　「getValue」「getValues」はデータ型が保持されるので、数値なら計算が、日付なら加算などの処理を、続けて行うことができるのが大きなメリットです。そのため、基本的には、値を取得する際はこのMethodを使うのがおすすめです。

　ただ、今回はこれ以降に計算などの処理はせず、単純にスプレッドシートの表示形式のままテキストデータとして取得をしたいので、それを叶える「getDisplayValues」を使います。これを使うとスプレッドシートの表示形式のまま値を取得することができます。ただ、このとき取得できるデータはもとのデータ型にかかわらず、すべて文字列になります。数値も日付も、文字列データになるため、そのまま計算などはできなくなるので、この点は注意が必要です。以降に計算などの処理はせず、単純に文字列として使いたい、というシーンのみで活用すると安心です。

構文

Rangeクラス.getDisplayValues()

◆戻り値

セルの値(二次元配列)

これを活用し、コードを下記に書き換えましょう。

```
const ss = SpreadsheetApp.getActiveSpreadsheet();
const sheet = ss.getSheetByName("ピボット テーブル 1");
const range = sheet.getRange(1,7,5,1);
const values = range.getDisplayValues();
Logger.log(values);
```

実行してログを確認してみると、スプレッドシートの表示形式のままデータを取得できていることがわかります。

● ログで確認

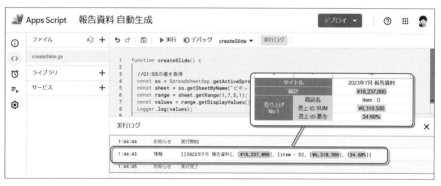

これで「G1:G5」の値をまとめて取得することができました。変数「values」の中に「二次元配列」というデータ型で範囲の値がひとつのデータとしてまとまっている状態です。ここから「タイトル・総計・商品名・売上のSUM・売上の割合」を独立したデータとして取り出していくために、「二次元配列」の扱い方を確認しましょう。

⚜️「二次元配列」とは

　「配列の要素が一次元配列」になっている形式のデータのことです。言い換えると「一次元配列の中にさらに、一次元配列が入っている」ような、配列が二重になっているデータです。はじめは記号がたくさんあって、見づらく感じると思いますが、何度も使っていくうちに徐々に慣れるので安心してください。(いますぐに理解できなくても繰り返し学ぶうちに、いつか理解できるときが来ます)

```
[[2023年7月 報告資料],  [¥18,237,000],[item - D],  [¥6,310,500],  [34.60%]]
    要素             要素           要素         要素           要素
```

　二次元配列をうまく扱うポイントは「カンマ(,)のあとに改行が入る」と思ってデータを見ることです。

```
[[2023年7月 報告資料],
 [¥18,237,000],
 [item - D],
 [¥6,310,500],
 [34.60%]]
```

　こうすると、スプレッドシートと同じ、「5行1列」の表形式のデータとして見ることができます。(二次元配列の中の要素(一次元配列)は、スプレッドシートの行データに該当します)

● スプレッドシートの画面

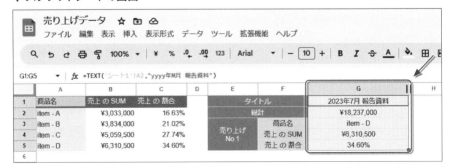

✤「二次元配列」の「中身」を取り出す方法

変数名[行番号][列番号]とすると二次元配列の各データを取り出すことができます。配列は「0」から数えるのが特徴ですが、行列の指定は「getRange」と同じ考え方です。

行番号は「上」から、「0」スタートで数えます。

● 行の数え方

```
0   [[2023年7月 報告資料],
1    [¥18,237,000],
2    [item - D],
3    [¥6,310,500],
4    [34.60%]]
```

列番号は「左」から、「0」スタートで数えます。

● 列の数え方

```
          0
[[2023年7月 報告資料],
 [¥18,237,000],
 [item - D],
 [¥6,310,500],
 [34.60%]]
```

そのため、変数名[行番号][列番号]で、それぞれのデータを取り出すことが可能です。

```
(中略)
const values = range.getDisplayValues();

const title  = values[0][0];
const sum    = values[1][0];
const item   = values[2][0];
```

```
const sales   = values[3][0];
const percent = values[4][0];
```

　理解を深めるためには、とにかく実践を重ねることが大切ですので、ぜひ他の範囲のデータも「getValues」「getDisplayValues」で一括取得して、取得した二次元配列から任意のデータを取り出してみてください。実際に試して試行錯誤することで「なるほど、こういうことか!」と理解が深まっていきます。実践-6では「1行5列」の範囲のデータを、ダウンロード特典の実践-8では、「20行3列」の範囲のデータを取得・操作するので、ぜひそちらも参考にしてください。

➕ コメントを生成する - テンプレートリテラル -

　データがそろったので、スライドに入れるコメントも生成しておきましょう。ここでは「テンプレートリテラル」という記法を使います。**これは文字列と変数を連結させるのに、とても便利な書き方なので、ぜひおさえておきましょう。**

　これまで、文字列はダブルクォート(")、もしくはシングルクォート(')で囲って表現をしてきました。この書き方の場合は、プラス(+)の記号で文字列と変数を連結させることができます。(Excelやスプレッドシートの数式のアンド(&)と同じような役割です)

```
const name = "事務職たらこ";
Logger.log("わたしの名前は" + name + "です");
 ›› わたしの名前は事務職たらこです
```

　上記もひとつの方法なのですが、2点のデメリットがあります。ひとつめは、連結したい文字列と変数のパーツが増えれば増えるほど、プラス(+)を使う数が増えるので、記述が大変になってしまうことです。また、ふたつめは改行は「\n」で記述する必要があるということです。改行自体は問題なくできますが、パッと見たときに、最終的にどのような文字列が生成されるのか、コードだけではイメージがしづらく、なかなか適切な箇所に改行を入れられずに何度も修正が発生したり、あとあと改修するときに読み解くのが大変になってしまう可能性があります。

```
const name = "事務職たらこ";
Logger.log("わたしの名前は\n" + name + "です");
>> わたしの名前は
>> 事務職たらこです
```

　こういったときに、「テンプレートリテラル」という記法を使うと、とてもシンプルに文字列と変数を連結させることができます。下記のように、**全体を「バッククォート（`）」で囲み、変数を「${}」で囲む**のがルールです。

```
const name = "事務職たらこ";
Logger.log(`わたしの名前は${name}です`);
>> わたしの名前は事務職たらこです
```

　バッククォート（`）は「Shift + @」で入力できます。

● キーボード（Windows 日本語配列の例）

　また、テンプレートリテラルでは改行をそのまま入力することもできます。少ない記号でシンプルに記述することができるため、積極的に活用していきましょう。

```
`わたしの名前は
${name}です`
```

では、テンプレートリテラルを使ってコメントを生成しましょう。

```
(中略)

//各データを取り出し
const title = values[0][0];
const sum = values[1][0];
const item = values[2][0];
const sales = values[3][0];
const percent = values[4][0];

//コメントを生成
const comment = `全体の売上は${sum}。その中でも「${item}」が最も売
れ行きが良く、
${sales}を売り上げ、全体の${percent}を占めています。`;
Logger.log(comment);
```

実行してログを確認すると、各データを使ってコメント生成できていることがわかります。

● ログで確認

グラフを取得する

　コメントの生成ができたら、スライドに挿入するグラフの取得にすすみます。(とても便利なことに、スプレッドシートのグラフデータをそのまま、スライドに挿入することができます)

構文

> **Sheetクラス.getCharts()**
>
> ◆戻り値
> シート内すべてのグラフ(EmbeddedChart[])

　「getCharts」を使うと、シート内すべてのグラフを一次元配列で取得することができます。今回はシート内にグラフは1つなので、一次元配列の中の先頭、つまり0番目の要素を取り出してあげればOKです。

```
const charts = sheet.getCharts(); //シート内すべてのグラフを取得
const chart = charts[0]; //charts内の先頭のグラフを取り出す
Logger.log(chart);
```

　実行すると、ログに「EmbeddedChart」と表示されます。これでグラフの取得も完了です。いよいよスライド生成に進んでいきましょう。

● ログで確認

✚ スライドの階層構造をおさらい

スライドの階層構造は下記のようになっていました。

● スライドの階層構造

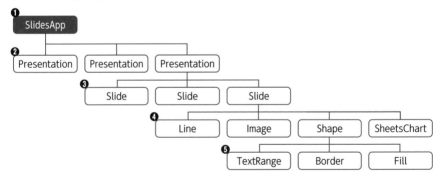

　今回は、❸スライド（Slide）の中に、❹テキストボックス（Shape）とグラフ（SheetsChart）を入れて作成していきます。

● スライドの画面（完成版）

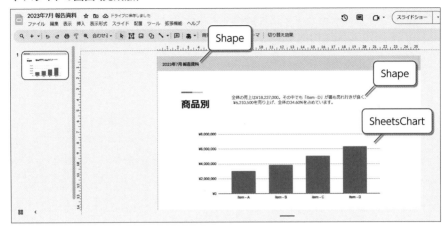

スライド生成のステップを確認

コードを書く前に、どのような流れでスライド生成するかを確認しましょう。今回はテンプレートとなるフォーマットを事前に準備しておき、テキスト更新とグラフ挿入のみで完成するようにします。

● スライドの画面（テンプレート）

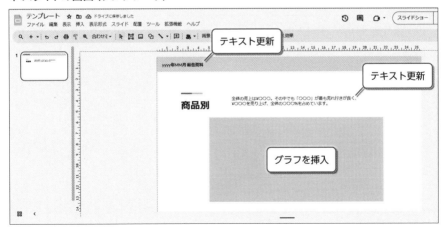

1 テンプレートのファイルを取得
2 ファイルを保存するフォルダを取得
3 ファイルをコピー
4 タイトル・コメントを更新
5 グラフを挿入

　もちろん、新しく作成することもできますが、テキストボックスなどの配置を調整するためのコードが必要になるため、少し難易度が上がります。事前にフォーマットを用意しておけば、必要最低限のコードで実装できるので、今回はこの形ですすめていきましょう。

テンプレートのファイルを取得

　まずはファイルをコピーするために、テンプレートをドライブ（DriveApp）のファイルとして取得します。「SlidesApp」でも取得はできるのですが、その後にコピーするMethodが存在しないため、ここでは「DriveApp」を使います。

構文

```
DriveApp.getFileById(id)
```

◆引数
id：取得するファイルのID（文字列）
◆戻り値
取得したファイル（File）

　ファイルのIDはURLから取得ができます。

```
https://docs.google.com/presentation/d/{id}/edit
```

　下記のコードで、ファイルの取得ができます。

```
const templateFile = DriveApp.getFileById("★ここにファイルIDを記
載★");
```

✛ファイルを保存するフォルダを取得

つぎは、フォルダの取得です。

構文

DriveApp.getFolderById(id)

◆引数
id：取得するフォルダのID（文字列）
◆戻り値
取得したフォルダ（Folder）

フォルダのIDもURLから取得ができます。

```
https://drive.google.com/drive/folders/{id}
```

下記のコードで、フォルダの取得ができます。任意のフォルダを用意して、IDを
指定してください。

```
const folder = DriveApp.getFolderById("★ここにフォルダIDを記載★
");
```

✛ファイルをコピー

ファイルとフォルダの準備ができたら、いよいよコピーに入ります。

構文

Fileクラス.makeCopy(name, destination)

◆引数
  name：作成するファイルの名前（文字列）

destination：ファイルを保存するフォルダ(Folder)
◆**戻り値**
新しく作成したファイル(File)

下記のコードで、ファイルのコピーができます。今回はファイル名にはスライドのタイトルと同じ名前をつけます。

```
(中略)

const title = values[0][0];

(中略)

//テンプレートファイルを取得
const templateFile = DriveApp.getFileById("★ここにファイルIDを記載★");

//フォルダを取得
const folder = DriveApp.getFolderById("★ここにフォルダIDを記載★");

//テンプレートファイルをコピー
const newFile = templateFile.makeCopy(title,folder);
```

スクリプトを実行して、指定したフォルダにコピーが生成されることを確認しましょう。

● エディタの画面

● ドライブの画面

◆ファイルのIDを取得

　ここまで「DriveApp」の世界でファイルを操作してきましたが、タイトルやコメント、グラフを更新するためには「SlidesApp」の世界に移動する必要があります。「openById」で個別のファイルであるプレゼンテーション（Presentation）を取得すれば、各種操作ができるようになるので、その準備としてファイルのIDを取得します。

構文

```
Fileクラス.getId()
```

◆戻り値

ファイルのID（文字列）

ファイルIDの取得は下記のとおりです。

```
const newFileId = newFile.getId();
```

次は、いよいよ内容の更新です。

タイトル・コメントを更新

タイトルとコメントが記載されているテキストボックスは「Shape」に該当するので、まずはここの取得まですすめましょう。

● スライドの階層構造

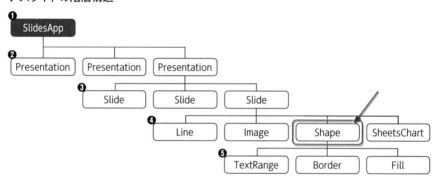

今回は下記のMethodを使っていきます。

階層	Class	Method	戻り値	説明／使用例
❶	SlidesApp	openById(id)	Presentation	ID指定でプレゼンテーションを取得
				SlidesApp.openById("1Abcxxxxxxxxxxxx");
❷	Presentation	getSlides()	Slide[]	プレゼンテーション内すべてのスライドを取得
				Presentationクラス.getSlides();
❸	Slide	getShapes()	Shape[]	スライド内すべての図形・テキストボックスを取得
				Slideクラス.getShapes();

まずは、先ほど取得したファイルIDを使って、プレゼンテーションを取得しましょう。

```
const presentation = SlidesApp.openById(newFileId);
```

　プレゼンテーションの取得ができたら、スライドの取得に進みます。
「getSlides」を使うと、プレゼンテーション内すべてのスライドを一次元配列で取
得することができます。今回はプレゼンテーション内のスライドは1枚なので、一
次元配列の中の先頭、つまり0番目の要素を取り出してあげればOKです。（スプ
レッドシートからグラフを取得したときと同じ考え方です）

```
const slides = presentation.getSlides(); //プレゼンテーション内す
べてのスライドを取得
const slide = slides[0]; //slides内の先頭のスライドを取り出す
```

　スライドの取得ができたら「getShapes」で、スライド内の図形・テキストボックス
を取得します。戻り値は一次元配列で、**要素の並び順は「スライドに追加した順
番」となっています。** はじめに追加したものが0番、次に追加したものが1番、とい
う形です。テンプレートのスライドは、はじめに「タイトル」を、次に「コメント」を
挿入したので、下記の指定で各テキストボックスを取り出すことができます。（す
でに存在するShapeを操作したいときは、追加した順番をおぼえておく必要があ
るのがポイントです）

```
const shapes = slide.getShapes();
const titleShape = shapes[0]; //タイトルのテキストボックス
const commentShape = shapes[1]; //コメントのテキストボックス
```

　ここまできたら、あとはテキストを更新するだけです。下記のMethodを使います。

階層	Class	Method	戻り値	説明／使用例
❹	Shape	getText()	TextRange	図形・テキストボックスのテキスト範囲を取得
				Shapeクラス.getText();
❺	TextRange	setText(newText)	TextRange	範囲にテキストを設定
				TextRangeクラス.setText("hello");

それぞれのテキストボックスに、スプレッドシートから取得しておいたデータを設定しましょう。

```
(中略)

const title = values[0][0];

(中略)

const comment = `全体の売上は${sum}。その中でも「${item}」が最も売れ行きが良く、
${sales}を売り上げ、全体の${percent}を占めています。`;

(中略)

const shapes = slide.getShapes();

//タイトル設定
const titleShape = shapes[0];
const titleRange = titleShape.getText(); //テキスト範囲を取得
titleRange.setText(title); //テキストを設定

//コメント設定
const commentShape = shapes[1];
const commentRange = commentShape.getText(); //テキスト範囲を取得
commentRange.setText(comment); //テキストを設定
```

実行すると、テキストが反映されたスライドが生成されます。

● スライドの画面

✚ グラフを挿入

　では、さいごにグラフの挿入です。「insertSheetsChart」というMethodを使うと、スプレッドシートとリンクしたグラフとして挿入することができるのですが、スプレッドシートのデータが更新されると、グラフも更新される仕様です。この機能がありがたいシーンもありますが、今回はスクリプトをなんども利用することを想定して、スプレッドシートの元データを書き換えて、別データのスライド生成もしやすいように、画像データとして挿入します。（画像にすればスプレッドシートが更新されても、画像は更新されないため）

> **構文**
>
> Slideクラス.insertSheetsChartAsImage(sourceChart)
>
> ◆引数
> sourceChart：挿入するグラフ（EmbeddedChart）
> ◆戻り値
> 挿入したグラフの画像（Image）

　次のコードを追記して、グラフを挿入しましょう。

```
//グラフを取得
const charts = sheet.getCharts();
const chart = charts[0];
(中略)
//グラフを挿入
const image = slide.insertSheetsChartAsImage(chart);
```

　実行すると、スライドにグラフが挿入されます。ただ、初期のままだと大きく、位置もテキストと被ってしまうので、大きさと位置を調整していきます。

● スライドの画面

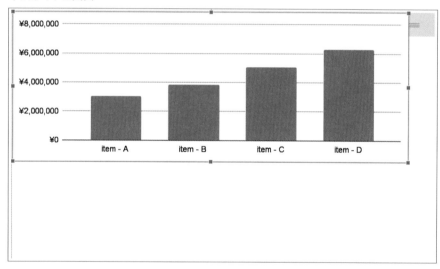

❖グラフ画像の大きさを調整する

　調整の方法はいくつかありますが、今回は比率でスケーリング（拡大縮小）します。高さの調整に「scaleHeight」、幅の調整に「scaleWidth」を使います。

構文 - 高さを調整 -

Imageクラス.scaleHeight(ratio)

◆引数

ratio：拡大縮小する比率（数値）

◆戻り値

スケーリングした画像（Image）

構文 – 幅を調整 –

Imageクラス.scaleWidth(ratio)

◆引数

ratio：拡大縮小する比率（数値）

◆戻り値

スケーリングした画像（Image）

比率は適切な大きさになるように調整しましょう。今回は「0.8」に縮小します。

```
image.scaleHeight(0.8).scaleWidth(0.8);
```

実行すると、先ほどよりも80%に縮小されたグラフ画像が挿入されます。みなさんも、お手元のグラフの大きさに合わせて調整をしてください。

● スライドの画面

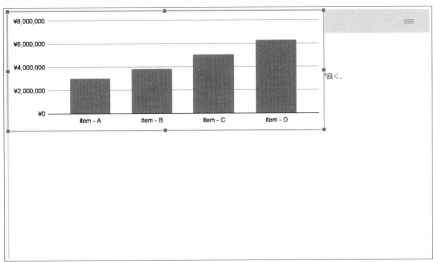

高さと幅の調整は、下記のように行を分けて記述することもできます。

```
image.scaleHeight(0.8);
image.scaleWidth(0.8);
```

ですが、同じImageクラスに対する操作なので、上記のように1行にまとめて記述することもでき、こうするとスクリプト全体がすっきりします。はじめはMethodを続けて書くことに複雑さを感じるかもしれないのですが、このような書き方もできるということを覚えておくと、とても便利です。(理解が深まると、徐々にこの書き方もしたくなってくるはずです)

同じ要領でテキスト設定のコードも下記のようにまとめることができます。こうすると「titleRange」「commentRange」としていた変数がひとつ不要になるので、コードを書くのも楽になります。

```
//タイトル設定
const titleShape = shapes[0];
titleShape.getText().setText(title);

//コメント設定
const commentShape = shapes[1];
commentShape.getText().setText(comment);
```

✚ グラフ画像の位置を調整する:水平方向(横)

次に、画像が左側に寄っている状態なので、中央揃えに設定します。

Imageクラス.alignOnPage(alignmentPosition)

◆引数

alignmentPosition：要素を整列させる位置(AlignmentPosition)

◆戻り値

位置変更した画像(Image)

「alignmentPosition」の指定は少し特殊で、「AlignmentPosition」という特有のデータ型で指定する必要があります。「SlidesApp.AlignmentPosition.〇〇〇」と指定することで、整列させる位置を指定することができます。

● イメージ

今回は水平方向(横)に中央揃えにしたいため「HORIZONTAL_CENTER」を指定します。こちらも、大きさを調整したImageクラスに対する操作なので、コードを1行にまとめて記述することができます。

```
image.scaleHeight(0.8).scaleWidth(0.8).alignOnPage(SlidesApp.Alig
nmentPosition.HORIZONTAL_CENTER);
```

このままだと1行が長く、パッと何をしているのか読み解きづらい状態です。こういったときは、各Methodのあとに改行を入れると読みやすくなります。

```
image
  .scaleHeight(0.8)
  .scaleWidth(0.8)
  .alignOnPage(SlidesApp.AlignmentPosition.HORIZONTAL_CENTER);
```

実行すると、中央揃えされたグラフが挿入されます。

● **スライドの画面**

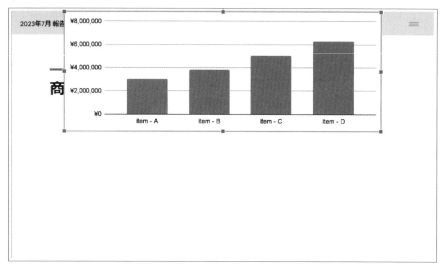

グラフ画像の位置を調整する:垂直方向（縦）

　さいごに、垂直方向の調整です。「中央揃え」以外の位置に調整したい場合、手動操作のときは「もうちょっと上に、もうちょっと下に」など感覚的に調整することができますが、GASの場合は座標でぴったりと指定する必要があります。わかりやすく言うと「左上から横に○cm、縦に○cm」と位置で指定をする、ということです。

　例えば、次図のグラフの位置を「書式設定オプション>位置」で確認すると「左上から横（x）に3.17cm、縦（y）に6.15cm」であることがわかります。縦のy座標をサンプル同様に「6.15cm」の位置に調整しましょう。

● 書式設定オプションの画面

構文 – 垂直位置を設定 –

Imageクラス.setTop(top)

◆引数

top：y座標のポイント（数値）

◆戻り値

位置変更した画像（Image）

　指定単位は「ポイント」で、「1cm = 28.3465ポイント」です。「6.15cm」の位置に調整したいので「6.15 * 28.3465」として、ポイント単位に換算して指定すればOKです。（アスタリスク（＊）は掛け算を意味します）

```
image
  .scaleHeight(0.8)
  .scaleWidth(0.8)
  .alignOnPage(SlidesApp.AlignmentPosition.HORIZONTAL_CENTER)
  .setTop(6.15 * 28.3465);
```

　これで実行してみると、グラフの位置もばっちりのスライドが生成されます。

● スライドの画面

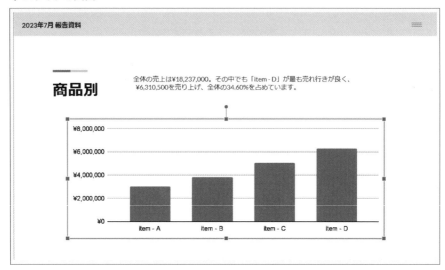

　スライド操作ができるようになると資料作成の効率化・自動化を実現できるので、ぜひ、他の実践問題で習得する知識もかけあわせながら、業務での活用に挑戦してみてください。

　また、掛け算以外にも、計算に使える記号があるので覚えておきましょう。

算術演算子	説明	使用例	解説（結果）
+	足し算	10 + 4	10 + 4（＝14）
–	引き算	10 – 4	10 – 4（＝6）
*	掛け算	10 * 4	10 × 4（＝40）
/	割り算	10 / 4	10 ÷ 4（＝2.5）
%	剰余（割り算の余り）	10 % 4	10 ÷ 4 の余り（＝2）

ステップアップ Point

　ここまでスクリプト実行はエディタで行ってきましたが、定期的に任意のタイミングで実行する必要がある場合に、その

都度エディタの画面を開くのは少し手間がかかります。また、開発者以外のユーザー（他の社員）に実行してもらいたいシーンでは、使い慣れていないエディタを開いて実行してもらう方法だとやりづらく感じ、せっかく開発したツールをなかなか使ってもらえなくなるというリスクもあります。**スクリプトはスプレッドシートに配置した「ボタン」や「メニュー」のクリックで実行することも可能なので、その設置方法を解説します。**

また、ユーザビリティーを上げるという観点で、スライド生成が完了したあとにユーザーが迷子にならないように、ポップアップ画面を表示してスライドのURLを共有する方法も紹介します。

ボタンを設置する

ボタンの設置はとてもお手軽で、スプレッドシート画面上でポチポチと設定することができます。

まずはボタンとなる「画像」もしくは「図形」を挿入タブから、スプレッドシートに追加します。（デザインなどは自由です）

● スプレッドシートの画面

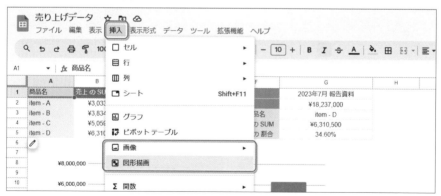

ボタンの挿入ができたら、画像・図形を選択すると表示される「 ⋮ 」をクリックし「スクリプトの割り当て」で実行したい関数名を入力して確定すれば、設定は完了です。

● 画像・図形の設定画面

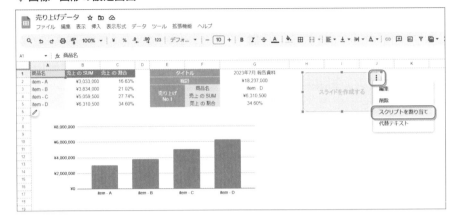

● スクリプトの設定画面

設定が完了すると、画像・図形のクリックでスクリプトを実行できるようになります。

● イメージ

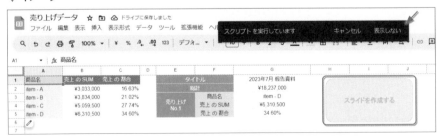

❖メニューを設置する

次はメニューを設置する方法です。こちらは専用のスクリプトを作成する必要がありますが、一度書き方をおぼえれば、ボタンのデザインに悩むこともなく、ユーザーが使い慣れているタブの一部として設置できるので、おさえておくと便利です。

ここでは、スプレッドシートのUI（画面）に続くClassを操作していきます。

階層	Class	Method	戻り値	説明／使用例
❶	SpreadsheetApp	getUi()	Ui	スプレッドシートのUIを取得する
				SpreadsheetApp.getUi();
❷	Ui	createMenu(caption)	Menu	メニューを作成する
				Uiクラス.createMenu("🖋 Script");
❸	Menu	addItem(caption, functionName)	Menu	メニューにアイテムを追加する
				Menuクラス.addItem("スライドを作成する","createSlide");
❸	Menu	addToUi()	なし	メニューをUIに追加（反映）する
				Menuクラス.addToUi();

下記のコードを記述してスクリプトを実行すると、スプレッドシートの画面上部にメニューが反映されます。

```
function onOpen() {

  //UIを取得
  const ui = SpreadsheetApp.getUi();

  //メニューを作成
  const menu = ui.createMenu("🖋Script");

  //メニューにアイテムを追加し、UIに反映（関数createSlideを設定）
  menu
    .addItem("スライドを作成する","createSlide")
    .addToUi();
```

```
}
```

● スプレッドシートの画面

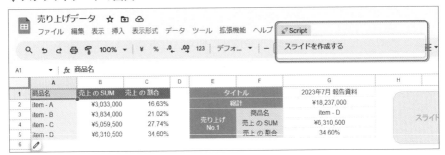

　このときのポイントは関数名を「onOpen」にすることです。「onOpen」という関数名にすると、トリガー画面で設定をしなくても、スプレッドシートが起動したときに自動でこの関数が実行されます。これは「シンプルトリガー」と呼ばれる機能で、特定の関数名をつけることで、あらかじめ決められているタイミングでスクリプト実行することができます。

　なぜ「onOpen」を使うかというと、メニューがアクセスの都度リセットされてしまうものだからです。このトリガー設定をしておかないと、一度メニューを設置しても、ファイルを閉じて次にアクセスしたときや、他の人がアクセスしたときにメニューが反映されていない状態になってしまいます。「メニューの関数名はonOpenにする」と決めておけば、この事象を回避できますので、おさえておきましょう。

❖ポップアップ画面を表示する

　GASではスプレッドシートに、次図のようなポップアップ画面を表示することができます。これを活用して、生成したスライドのURLをユーザーに共有すると、導線がとってもスムーズになります。

● イメージ

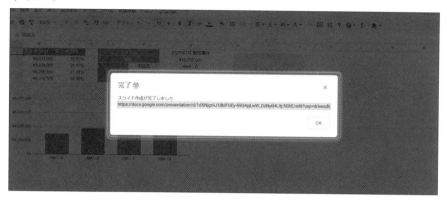

構文 - ポップアップ画面を表示 -

Uiクラス.alert(title, prompt, buttons)

◆引数

　title：タイトル（文字列）

　prompt：メッセージ（文字列）

buttons：ボタン（ButtonSet）

◆戻り値

クリックされたボタン（文字列）

　「buttons」は「ButtonSet」という特有のデータ型で指定する必要があります。
「Uiクラス.ButtonSet.○○○」と指定することでボタンの種類を指定することがで
きます。（画像の位置調整で出てきた「AlignmentPosition」と同じような形式です）

● イメージ

下記のコードを記述して、スクリプトを実行すると、スプレッドシートには下図のようなポップアップ画面が表示されます。処理前後でユーザーに伝えたいことがある場合に、とても便利な機能です。

```
const ui = SpreadsheetApp.getUi();
const btn = ui.ButtonSet.OK;
ui.alert("完了😊","スライド作成が完了しました",btn);
```

● スプレッドシートの画面

　これを活用して、関数createSlideの最後にURLをポップアップで表示すれば、ユーザーはスプレッドシート操作のみでスライドを生成し、確認できるようになります。

```
(中略)
//テンプレートファイルをコピー
const newFile = templateFile.makeCopy(title,folder);
(中略)
//UIにスライドURLを表示
const ui = SpreadsheetApp.getUi();
const btn = ui.ButtonSet.OK;
const url = newFile.getUrl(); //スライドURLを取得
```

```
ui.alert("完了😊","スライド作成が完了しました\n"+url,btn);
```

● イメージ

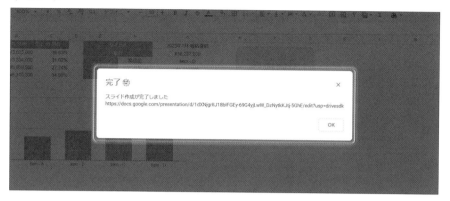

　このように導線を整えておくと、ツールの使いやすさがぐっと上がります。はじめのうちは、あれもこれもやろうとすると「時間がかかりすぎてつらいな…」という気持ちになるかもしれないので、少し余裕が出てきたらでも大丈夫です。こういった細部にもこだわりながら、より活躍するツールになるように工夫をしていきましょう。

実践-6 スプレッドシートの更新通知で情報キャッチをスムーズに

学べること

・条件によって処理を分ける「条件分岐」ができる「if文」
・「スプレッドシート編集」のイベントトリガーの扱い方

「Aのときは〜、Bのときは〜」と条件によって処理を変えるには、どうすればいい？

悩みポイント

　業務自動化をすすめる際、すべて一律でまったく同じ処理をすれば良いというケースばかりではありません。「Aのときは〜、Bのときは〜」と条件によって処理を変える必要がある、というシーンが良く出てきます。このことを「条件分岐」と呼びますが「if文」という構文を使うと、実現することができます。

　今回は、タスク管理表（スプレッドシート）の「G列」が「未着手」に更新されたら、Gmailに通知を送る、という例題を通して「if文」の使い方を学んでいきましょう。「未着手に更新される ＝ 新しいタスクの追加」と見なして、この場合のみ通知されるようにスクリプトを作成します。条件分岐をマスターすると、自由自在に処理を組み立てることができ、より業務にフィットして活躍するスクリプトを作ることにつながります。

● イメージ図 - 1

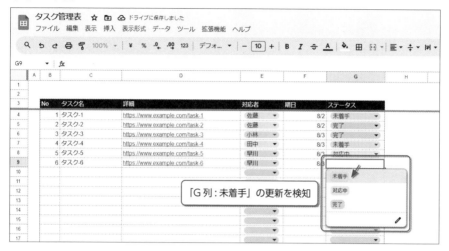

「G列：未着手」の更新を検知

● イメージ図 - 2

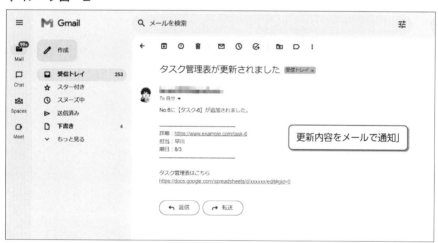

更新内容をメールで通知」

● サンプルコード

```
function sendUpdate(e) {

  //編集されたセル範囲を取得
  const range = e.range;
  const column = range.getColumn();
```

```javascript
  const row = range.getRow();

  //編集後の値を取得
  const value = e.value;

  //編集されたセルが「G列」かつ「未着手」である場合に、if文内の処理を
実行
  if(column == 7 && value == "未着手"){

    //編集された行のB-F列のデータを取得
    const ss = SpreadsheetApp.getActiveSpreadsheet();
    const sheet = ss.getSheetByName("タスク一覧");
    const range = sheet.getRange(row,2,1,5);
    const values = range.getDisplayValues();

    //各項目のデータを取り出し
    const no = values[0][0];
    const task = values[0][1];
    const description = values[0][2];
    const member = values[0][3];
    const date = values[0][4];

    //メール本文を生成
    const message =
`No.${no}に【${task}】が追加されました。


------------------------------------------------
詳細：${description}
担当：${member}
期日：${date}

------------------------------------------------

タスク管理表はこちら
https://docs.google.com/spreadsheets/d/xxxxxx/edit#gid=0`;
```

```
   //メールを送信
   GmailApp.sendEmail("★ここにメールアドレスを記載★","タスク管理
表が更新されました",message);


 }


}
```

これで解決

今回は3つのステップで、スプレッドシートの更新通知を行います。

ステップ

1 更新されたセルの「列」と「値」を取得する

2 更新されたセルが「G列」で「未着手」の場合は、タスク情報を取得

3 2の情報を、Gmailに送信する

解説

それでは実際にやっていきましょう。

✤スプレッドシートの「通知設定」について

実は更新通知は、スプレッドシートのデフォルト機能である「通知設定」を使うこともできます。ただ、この設定で送付される通知だと「更新された」ということしかわからず、どこがどのように更新されたのかはスプレッドシート上で確認する必要があります。（自分以外のユーザーの編集通知を受け取れる機能です）

● スプレッドシートの画面

● 参考：通知メール

　今回は自由にカスタマイズした通知を送信することで、より情報キャッチをスムーズにするために、GASを使っていきます。また、ここでは通知先をGmailにしますが、第5章で解説する外部ツール連携の知識を組み合わせるとSlackやChatworkなど、より良く使うチャットツールなどに通知することも可能です。

🧩 プロジェクト・ファイル・関数の準備をする

　今回も、スプレッドシートを直接操作するスクリプトのため、タスク管理表からContainer-bound型でプロジェクトを用意します。

● プロジェクトを開く

プロジェクトの準備ができたら、あとあと管理しやすいように名前を付けましょう。下記を参考にしつつ、みなさんがわかりやすい、管理しやすいと思う名前を付けておきましょう。

● プロジェクトの画面

スプレッドシートの更新情報を取得する

では、ここからスクリプト作成に入っていきます。実践-4では「フォーム送信」のイベントトリガーを活用しましたが、今回は「スプレッドシート編集」を活用して、更新情報を受け取ります。なので、まずはトリガーの設定をしましょう。

● トリガーの設定画面に遷移

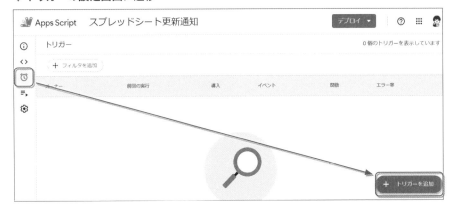

● トリガーを設定

　イベントトリガーを設定すると、関数名の括弧の中に入力した変数で、イベント
の詳細情報（Event Objects）を受け取ることができるのでしたね。変数「e」で受
け取れるよう、下記のように入力します。

```
function sendUpdate(e) {


}
```

　スプレッドシートの編集で、受け取れる情報もいくつかあるのですが、まずは次
の3つを把握しておきましょう。今回は「range」「value」を活用します。

プロパティ	値	使用例	データ例
range	編集されたセル範囲を示す「Rangeクラス」	e.range	Range
value	編集「後」の新しいセルの値	e.value	10
oldValue	編集「前」の古いセルの値	e.oldValue	20

　せっかくなので「oldValue」もあわせて、実際どのようなデータが取得できるのか一度ログで確認してみましょう。下記のコードを入力し、保存をしてから、スプレッドシートの適当な箇所を更新してみましょう。

📝✒ メモ

　「e.○○○」を入力するときに、入力候補は出てきませんが、手動で記載して問題ありません。（この段階では「e」の中に入っているデータが何か、スクリプトだけではGASが判断できないため、入力候補は出てきません）

```
function sendUpdate(e) {

  Logger.log(e.range); //セル範囲
  Logger.log(e.oldValue); //編集「前」の値
  Logger.log(e.value); //編集「後」の値

}
```

● 「未着手」を「対応中」に更新

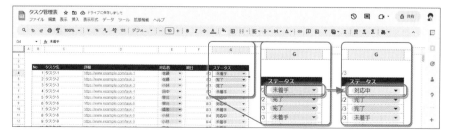

スプレッドシートを更新すると、トリガー設定した関数が実行されるので、「実行数」の画面でログを確認しましょう。そうすると各データを取得できていることがわかります。

● 「実行数」でログを確認

🔧 更新されたセルの「列」を取得する

今回は「G列」が「未着手」に更新された場合のみ、その内容を通知、それ以外の場合は特になにもしない、というように条件分岐していきます。**そのため更新された「列」がどこなのかを、まず取得していきましょう。**

● イメージ

「e.range」で取得できるのはRangeクラスでしたが、「getColumn」を使うと「列」を特定することができます。

4

自動化でさらなるレベルアップ

構文

Rangeクラス.getColumn()

◆戻り値
範囲の列番号（整数）

必要なデータを変数に入れた、下記のコードを記載します。

```
function sendUpdate(e) {

  //セル範囲を取得
  const range = e.range;
  const column = range.getColumn();
  Logger.log(column);

  //編集後の値を取得
  const value = e.value;
  Logger.log(value);

}
```

「G列」のステータスを変更して、ログを確認すると「7」と表示されます。

● 「未着手」を「対応中」に更新

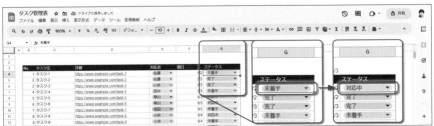

●「実行数」でログを確認

列番号は「左」から「1」スタートで数えるため、「G列」は「7」になります。

● 列の数え方

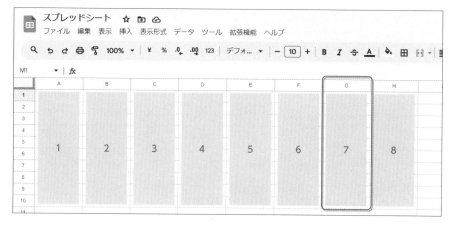

　これで更新されたセルの「列」と「値」を取得することができました。そうしたら、「G列」が「未着手」に更新された場合は次の処理に進み、それ以外の場合は何もしない、というように条件分岐していきましょう。

✚ 条件によって処理を分ける「if文」

　条件分岐の処理を入れるために、まずはif文の基本的な使い方を学びましょう。

● 構文

```
if (条件式) {
  //条件式が成立する(trueになる)場合の処理
}
```

　「条件式」に「columnが7と等しい(一致する)」「columnが7以下」などの条件を入力すると、その式が成立する場合のみ、中括弧内の処理が実行されます。例えば、下記のようにコードを入力すると、列番号が7の場合のみログに「G列が編集されました」と表示されます。

```
const range = e.range;
const column = range.getColumn();

if(column == 7){
  Logger.log("G列が編集されました");
}
```

　いくつかのセルを更新してみて、実際にG列の場合のみログに表示されることを確認してみてください。
　上記のように「column == 7」とすると「columnが7と等しい」を意味する式になりますが、このように「等しい」「等しくない」「以下」「以上」などを意味する記号を「比較演算子」と呼び、使うべき記号が決まっています。

比較演算子	説明	使用例	解説
==	等しい	column == 7	columnが7と等しい
!=	等しくない	column != 7	columnが7と等しくない
<	より小さい	column < 7	columnが7より小さい
<=	以下	column <= 7	columnが7以下
>=	以上	column >= 7	columnが7以上
>	より大きい	column > 7	columnが7より大きい

「等しい」を示す記号は「＝＝」でイコールが2つ必要です。うっかり「＝」としがちですが、ここを間違えるとコードの結果が意図通りにならないので注意しましょう。

✚ 複数条件を組み合わせる「論理演算子」

また、if文では複数の条件を組み合わせることも可能です。その際は「論理演算子」と呼ばれる記号を使って、AND条件やOR条件を表現します。

論理演算子	説明	使用例	解説
&&	AND	column == 7 && value == "未着手"	columnが7かつ、valueが未着手
||	OR	column == 7 || value == "未着手"	columnが7または、valueが未着手

今回の条件は、更新されたセルが「G列」かつ「未着手」である場合、なので「AND条件」にする必要があります。この場合のみ、更新されたタスク情報を取得する処理を実行したいので、下記のif文の中にその処理を記述していきましょう。

```
//セル範囲を取得
const range = e.range;
const column = range.getColumn();

//編集後の値を取得
const value = e.value;

//編集されたセルが「G列」かつ「未着手」である場合に、if文内の処理を実行
if(column == 7 && value == "未着手"){
  Logger.log("G列が「未着手」に編集されました");
}
```

　ここでも、いくつかのセルを更新してみて、実際に「G列」を「未着手」に変更した場合のみ、ログに表示されることを確認しましょう。**条件式が意図通りになっていないと、それ以降の処理も正しくなくなってしまいますので、意図通り分岐していることを確認することが重要です。**

■タスク情報を取得する

　つづいて、Gmail通知に使うために、更新された行の「No・タスク名・詳細・対応者・期日」をまとめて取得しましょう。

● イメージ

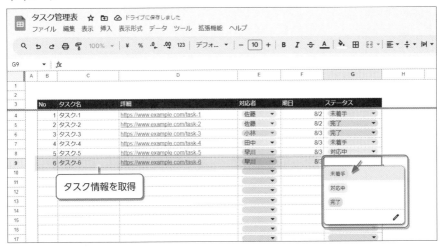

　上記の情報は「イベント情報（Event Objects）」には入っていないので、スプレッドシートからセルの値を取得する必要があります。

● スプレッドシートの階層構造（復習）

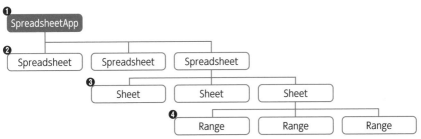

値を取得するために「getRange」でセル範囲を取得しますが、そのためには「範囲の"開始セル"の行番号」に該当する「更新された行の番号」を取得する必要があります。

Range.getRow()

◆戻り値
範囲の行番号（整数）

行番号がわかれば、取得したい範囲は「B○セル（row,2）から1行5列」なので下記のコードで表現できます。（実践-5と同じく、スプレッドシートの表示形式のままデータを取得したいので、「getDisplayValues」で値を取得します）

```
//編集されたセル範囲を取得
const range = e.range;
const column = range.getColumn();
const row = range.getRow();

//編集後の値を取得
const value = e.value;

//編集されたセルが「G列」かつ「未着手」である場合に、if文内の処理を実行
if(column == 7 && value == "未着手"){

  //編集された行のB-F列のデータを取得
  const ss = SpreadsheetApp.getActiveSpreadsheet();
  const sheet = ss.getSheetByName("タスク一覧");
  const range = sheet.getRange(row,2,1,5);
  const values = range.getDisplayValues();
  Logger.log(values);

}
```

では、取得できているデータをログで確認しましょう。G列を未着手に変更して、実行数でログを確認します。

● 「G列」を「未着手」に更新

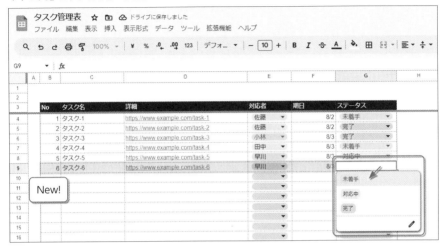

● 「実行数」でログを確認

「getDisplayValues」「geValues」で取得できるデータ形式は「二次元配列」で、その各データ（中身）は変数名［行番号］［列番号］で取り出すことができるのでした。それぞれのデータを次のコードで取り出します。ここがあやふやな方は実践-5に戻って復習しましょう。

（中略）

```
const values = range.getDisplayValues();

const no = values[0][0];
const task = values[0][1];
const description = values[0][2];
const member = values[0][3];
const date = values[0][4];
```

✚ 通知メッセージを生成する

　では、必要な情報がそろったので、通知メッセージを生成して、それをGmail送信する部分を作成しましょう。「テンプレートリテラル」を使って、文字列と変数をつなぎ合わせます。全体を「バッククォート（ ` ）」で囲み、変数を「 ${} 」で囲んで記述します。

```
const message =
`No.${no}に【${task}】が追加されました。


-------------------------------------------
詳細：${description}
担当：${member}
期日：${date}
-------------------------------------------


タスク管理表はこちら
https://docs.google.com/spreadsheets/d/xxxxxx/edit#gid=0`;
Logger.log(message);
```

　テンプレートリテラルは改行をそのまま記述できるので、こういった長い文章を生成したいというシーンでもとても便利です。
　では、これまでと同じく、G列を未着手に変更して、実行数でログを確認しましょう。

●「実行数」でログを確認

✚ Gmailに通知を送信する

　では、Gmailに通知を送信するコードを追加しましょう。これは実践-3の復習です。下記のコードを追記します。

```
GmailApp.sendEmail("★ここにメールアドレスを記載★","タスク管理表が
更新されました",message);
```

　これで、G列を未着手に変更すると、メールが送信されるようになります。

● Gmailの画面

もし、メールが上手く届かない場合は、「実行数」の画面でエラーが出ていないか確認してみましょう。

ステップアップ Point

　if文は条件式が成立しない場合の処理を指定することも可能です。ステップアップPointではこの方法を紹介します。

➕ 条件式が「成立しない場合」の処理を決める「else」

　if文に「else」を組み合わせると、条件式が「成立しない場合」の処理も指示することができます。(elseは「それ以外」を意味する英単語です)

● 構文

```
if (条件式) {
    //条件式が成立する (trueになる) 場合の処理
} else {
    //条件式が成立しない (falseになる) 場合の処理
}
```

　例えば、編集されたセルが「G列」の「未着手」**以外**だった場合に、ログに「通知対象外のセル更新」と表示したい場合は、下記のようにコードを記述します。「else」を使うと「〜の場合は〇〇をする、それ以外の場合は△△をする」と条件分岐できるので、おさえておきましょう。

```
if(column == 7 && value == "未着手"){ //条件式が成立する場合の処理
    (中略)
} else { //条件式が成立しない場合の処理
    Logger.log("通知対象外のセル更新");
}
```

複数の条件分岐ができる「else if」

また、「else if」を使うと、複数の条件分岐をすることも可能です。これを使うと「条件式1は成立しないけど、条件式2が成立するなら〇〇をする」と複数の条件を設定することができます。

● 構文

```
if (条件式1) {
    //条件式1が成立する場合の処理
} else if (条件式2) {
    //条件式1が成立せず、条件式2が成立する場合の処理
} else {
    //いずれの条件式も成立しない場合の処理
}
```

例えば、タスク表の「G列」が更新されたときに、「未着手」と「それ以外」で処理を分けたい場合は、下記のようにコードを記述します。

```
if (column == 7 && value == "未着手") { //条件1:G列が「未着手」に更新

    Logger.log("新しいタスクが追加されました");

} else if (column == 7) {  //条件2:条件1は成立しないが、G列が更新

    Logger.log("ステータスが更新されました");

} else {  //条件3:条件1,2が成立しない場合

    Logger.log("通知対象外のセル更新");

}
```

また、「else if」は何回でも使うことができるので、4つ以上の条件で分岐させることも可能です。

● 構文

```
if (条件式1) {
    //条件式1が成立する場合の処理
} else if (条件式2) {
    //条件式1が成立せず、条件式2が成立する場合の処理
} else if (条件式3) {
    //条件式1,2が成立せず、条件式3が成立する場合の処理
} else {
    //いずれの条件式も成立しない場合の処理
}
```

「やりたいことを実現するにはどのような条件にしたら良いのだろうか?」と考えることは、少し、みなさんの頭を悩ませることもあるかもしれませんが、if文を使いこなすことができると、自由自在に処理を組み立てることができ、より業務にフィットして活躍するスクリプトを作ることができます。実際にいろいろと試して、経験を積みながらif文をマスターしていきましょう。

実践-7 カレンダー連携で勤務報告を効率化

繰り返し処理 forEach

学べること

- ・「繰り返し処理」ができる「forEach文」
- ・「一次元配列」の操作ができる「push」「join」
- ・「土日祝」の判定をする方法

同じ処理を何度も繰り返したいときは、どうすればいい？

悩みポイント

「スプレッドシート内のすべてのシートに対して、同じ処理をしたい」「カレンダーに登録されているすべての予定の情報を取得したい」など一定の処理を繰り返し実行したい、というシーンはとても頻繁に出てきます。このときに、「繰り返し処理」ができる「forEach文」という構文を使うと、同じコードを何度も書くことなく、簡単に処理することができます。

今回は、カレンダーに登録されている今日の予定を記載した勤務開始メールを送信する、という実践-1をアップデートした例題を通して「forEach文」の使い方を学んでいきます。繰り返し処理を習得すると、膨大な処理もあっというまに実現することができるので、しっかりおさえておきましょう。

スプレッドシート上のボタンクリックで、カレンダーに登録されている予定情報を反映したメールを送信できるように、スクリプトを作成していきます。

● イメージ図

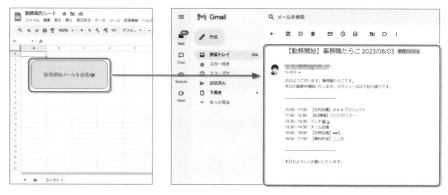

● サンプルコード

```
function sendEmail() {

  //現在時刻を取得
  const today = new Date();

  //カレンダーを取得
  const calendar = CalendarApp.getCalendarById("★ここにカレンダー
IDを記載★");

  //今日の予定を取得
  const events = calendar.getEventsForDay(today);

  //各予定のテキストを格納する配列を作成
  const texts = [];

  //各予定に対して繰り返し処理
  events.forEach(function(event){

    //終日予定かどうか
    const isAllDayEvent = event.isAllDayEvent();

    //終日予定ではない場合、次の処理に進む
```

```
  if(isAllDayEvent == false){

    //各データを取得
    const title = event.getTitle();
    const startTime = event.getStartTime();
    const endTime = event.getEndTime();

    //日時データの書式を変換
    const start = Utilities.formatDate(startTime,"JST","HH:mm"
);

    const end = Utilities.formatDate(endTime,"JST","HH:mm");

    //予定情報をひとつのテキストに
    const text = `${start} - ${end}：${title}`;
    texts.push(text);

  }

});

//メール記載用に、予定一覧を文字列に変換
const eventText = texts.join("\n");

//件名を生成
const date = new Date(); //現在時刻を取得
const todayFormatted = Utilities.formatDate(date,"JST","yyyy/M
M/dd"); //日付の書式変換
const subject = `【勤務開始】事務職たらこ ${todayFormatted}`;

//本文を生成
const body =
`おはようございます。事務職たらこです。
本日の勤務を開始いたします。スケジュールは下記の通りです。
```

```
-------------------------------------------

${eventText}


-------------------------------------------

本日もよろしくお願いいたします。`;

  MailApp.sendEmail("★ここにメールアドレスを記載★",subject,body);

}
```

これで解決

今回は3つのステップで進めていきます。

ステップ

1 カレンダーに登録されている、今日の予定を取得
2 メールのメッセージを生成
3 メールを送信

解説

それでは実際にやっていきましょう。

➕ プロジェクト・ファイル・関数の準備をする

今回は、スプレッドシート上のボタンクリックで、メール送付できるようにするため、Container-bound型でプロジェクトを用意します。任意のスプレッドシートから、プロジェクトを開いてください。

● プロジェクトを開く

　プロジェクトの準備ができたら、あとあと管理しやすいように名前を付けましょう。下記を参考にしつつ、みなさんがわかりやすい、管理しやすいと思う名前を付けておきましょう。

● プロジェクトの画面

カレンダーの予定（CalendarEvent）の取得

　今回は、勤務報告を始業のタイミングで行うことを想定して、スクリプトを作成します。そのため、まずは今日の予定を取得しましょう。（カレンダーに今日の予定をいくつか登録して進めてください）

● カレンダーの画面

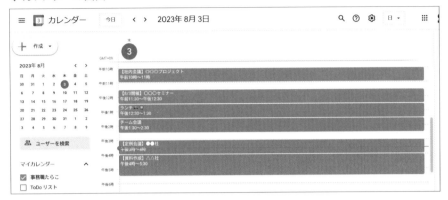

カレンダーの階層構造は下記のようになっていました。

● カレンダーの階層構造

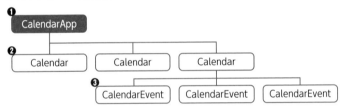

　実践-4ではひとつの予定を取得しましたが、今回は指定した日付に登録されているすべての予定を一括で取得したいので「getEventsForDay」を使います。これを使うと「CalendarEvent」が一次元配列に格納されたデータを取得することができます。

下記のコードで、今日の予定（CalendarEvent）を取得することができます。

```
//現在時刻を取得
const today = new Date();

//カレンダーを取得
const calendar = CalendarApp.getCalendarById("★ここにカレンダーID
を記載★");

//今日の予定を取得
const events = calendar.getEventsForDay(today);
Logger.log(events);
```

実行して、取得したデータの中身をログで確認すると、CalendarEventクラスが一次元配列に格納されていることがわかります。

● ログで確認

予定の各種情報を取得

つづいて、予定の「タイトル・開始日時・終了日時」を取得しましょう。次のMethodを使います。

階層	Class	Method	戻り値	説明／使用例
❸	CalendarEvent	getTitle()	予定のタイトル	予定のタイトルを取得
				CalendarEventクラス.getTitle();
❸	CalendarEvent	getStartTime()	予定の開始日時	予定の開始日時を取得
				CalendarEventクラス.getStartTime();
❸	CalendarEvent	getEndTime()	予定の終了日時	予定の終了日時を取得
				CalendarEventクラス.getEndTime();

　いま、それぞれの予定(CalendarEvent)は変数「events」に一次元配列として格納されている状態です。まずは配列内の先頭(0番目)の予定を取り出して、各情報の取得をしてみましょう。下記のコードを記述します。

```
(中略)

//今日の予定を取得
const events = calendar.getEventsForDay(today);

//はじめの予定のデータを取得
const event = events[0];
const title = event.getTitle();
const startTime = event.getStartTime();
const endTime = event.getEndTime();

//ログ確認
Logger.log(title);
Logger.log(startTime);
Logger.log(endTime);
```

　実行して、意図したデータを取得できているか確認すると、きちんと一番はじめの予定のデータを取得できていることがわかります。

● カレンダーの画面

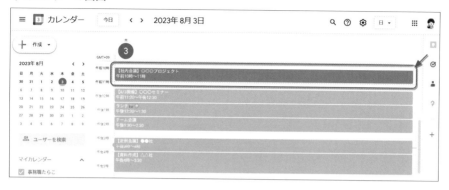

● ログで確認

　ただ、日付データが、メールにこのまま記載するには見づらい書式になっているので「HH:mm」の時刻のみの書式に変換しましょう。

```
const start = Utilities.formatDate(startTime,"JST","HH:mm");
const end = Utilities.formatDate(endTime,"JST","HH:mm");
```

　各種データの取得ができたら、メールに記載する「開始時刻～終了時刻:タイトル」のテキストを生成しておきます。（このときも、変数と文字列の連結なので、テンプレートリテラルの記法を使っています）

```
const text = `${start} - ${end} : ${title}`;
```

　では、この調子で配列の1番目以降のデータも取得…していきたいところですが、これまでの知識だけでは、予定の数だけほとんど同じコードを何度も記載する必要があります。

```
//はじめの予定のデータを取得
const event = events[0];
const title = event.getTitle();
const startTime = event.getStartTime();
const endTime = event.getEndTime();

//つぎの予定のデータを取得
const event1 = events[1];
const title1 = event1.getTitle();
const startTime1 = event1.getStartTime();
const endTime1 = event1.getEndTime();

(中略)

//さいごの予定のデータを取得
const event5 = events[5];
const title5 = event5.getTitle();
const startTime5 = event5.getStartTime();
const endTime5 = event5.getEndTime();
```

　これでは、GASを使って楽をしたいのにコードを書くのがとても大変…という状況になってしまいます。もちろん、この必要はありません。ここで登場するのが「繰り返し処理」ができる「forEach文」です。

✛繰り返し処理をする「forEach文」

まずは、forEach文の基本的な使い方を学びましょう。下記の構文で、配列の要素をひとつずつ取り出して変数に格納し、要素の数だけ繰り返し処理をすることができます。（変数は任意の名前を使うことができます）

● 構文

```
配列.forEach(function(変数){
   //繰り返す処理
});
```

まずはシンプルな配列「fruits」に対してforEach文を使い、変数「item」に格納されるデータをログで確認してみましょう。

```
const fruits = ["りんご","いちご","スイカ","ぶどう","レモン"];

//各要素に対して、繰り返し処理
fruits.forEach(function(item){

  Logger.log(item);

});
```

実行すると、ログには配列に入っている5つのデータが表示されます。配列「fruits」の要素の数だけ繰り返し処理をして、変数「item」に配列の要素が格納されていることがわかります。

● ログで確認

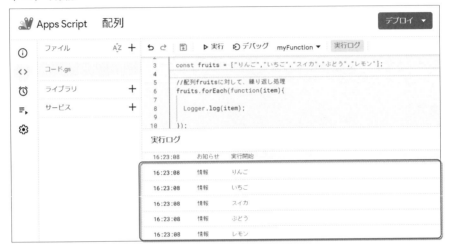

♣ すべての予定の各種情報を取得する

これを踏まえて、「getEventsForDay」で取得した配列「events」の各予定に対して繰り返し処理をしましょう。

```
(中略)

//今日の予定を取得
const events = calendar.getEventsForDay(today);
Logger.log(events);

//各予定に対して繰り返し処理
events.forEach(function(event){

  Logger.log(event);

});
```

変数「event」の中身をログで確認してみると、それぞれのCalendarEventクラスが格納されていることがわかります。

● ログで確認

ここまでできたら、各データを取得するコードを組み合わせましょう。

```
(中略)

//各予定に対して繰り返し処理
events.forEach(function(event){

  //各データを取得
  const title = event.getTitle();
  const startTime = event.getStartTime();
  const endTime = event.getEndTime();

  //日時データの書式を変換
  const start = Utilities.formatDate(startTime,"JST","HH:mm");
  const end = Utilities.formatDate(endTime,"JST","HH:mm");

  //予定情報をひとつのテキストに
  const text = `${start} - ${end}：${title}`;
  Logger.log(text);
```

```
});
```

実行すると、登録しているすべての予定のデータがログに表示されます。

● ログで確認

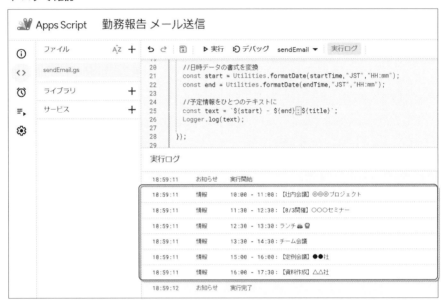

● カレンダーの画面

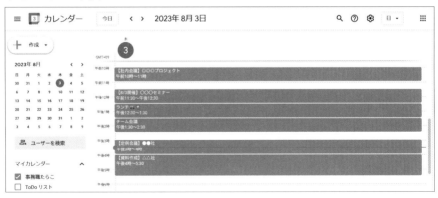

このように、forEach文を使うと、配列に対する繰り返し処理がとても簡単に実

現できます。はじめは少し記号が多くて複雑に感じるかもしれませんが、とてもよく使う処理なので、おさえておきましょう。

メモ

for 文と forEach 文の違い

　繰り返し処理ができる構文は、他に「for 文」というものがあります。forEach 文が配列のすべての要素に対して繰り返す構文だったのに対して、for 文は繰り返しの「回数を指定」して使います。（後述の理由から、基本的にはforEach 文を使うことをおすすめします）

● 構文

```
for(初期化式; 条件式; 増減式){
    //繰り返す処理
}
```

式	説明	例	解説
初期化式	繰り返しのスタート地点	let i = 1	i を1からはじめる ＊増減式で再代入をするため「const」ではなく「let」を使用
条件式	繰り返し処理を続ける条件（≒ゴール地点） ＊条件が成立する（true）場合は続き、不成立（false）の場合はfor文の処理は終了する	i <= 5	iが5以下の場合は処理を続ける
増減式	カウント（i）をどう変化させるかの指定 ＊繰り返し処理が1回おわる度に実行される式	i = i + 1	iを1ずつ増やす

　「〇〇式が多くて何がなんだかわからない……」という印象だと思いますが、百聞は一見に如かずということで、処理を5回繰り返す場合のfor 文を見てみましょう。

```
for(let i = 1; i <= 5; i = i + 1){
    //繰り返す処理
```

4

自動化でさらなるレベルアップ

```
  Logger.log(i);
}
```

　実行するとログには1から5までの値が表示されます。「iを1からはじめて（初期化式）、iを1ずつ増やしながら（増減式）、iが5以下の場合は繰り返し処理を続ける（条件式）」という命令になっています。

● ログで確認

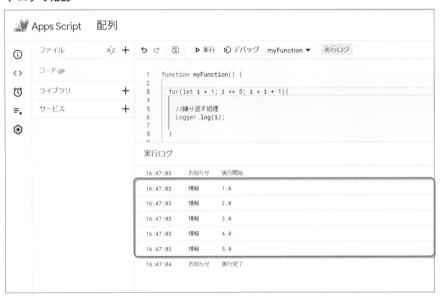

　配列の要素の数だけ繰り返し処理をしたい、というときは、下記のコードで実現できます。配列番号は「0」はじまりのため、「fruits[i-1]」として配列番号を指定しています。また、要素数は「配列.length」で取得できるので、これを条件式で活用しています。

```
const fruits = ["りんご","いちご","スイカ","ぶどう","レモン"];

for(let i = 1; i <= fruits.length; i = i + 1){
```

```
//繰り返す処理
Logger.log(fruits[i-1]);

}
```

実行すると配列内のすべての要素の値が表示されます。

● ログで確認

　forEach 文は配列のすべての要素に対して処理が完了するまで、途中で繰り返し処理を終了する（抜ける）ことはできませんが、for 文は「break」を使うと「○○の場合は繰り返しがすべて完了していなくても、途中で処理を終了する」と指定することが可能です。例えば、繰り返し処理をする対象のデータからお目当てのものを見つけて処理ができたらfor 文を終了したい、といったシーンなどで活用できます。

　下記はitem が「スイカ」と一致したら繰り返し処理を終了する、というコードです。

```
const fruits = ["りんご","いちご","スイカ","ぶどう","レモン"];
```

```
for(let i = 1; i <= fruits.length; i = i + 1){

  //各要素を取得
  const item = fruits[i-1];
  Logger.log(item);

  if(item == "スイカ"){
    break;
  }

}
```

　実行してログを確認すると、「スイカ」で処理が終了して、それ以降の「ぶどう」「レモン」に対しては繰り返し処理がされていないことがわかります。

● ログで確認

　for文は「配列以外を対象として、繰り返し処理をしたいとき」「条件によって繰

り返し処理を途中で終了する（抜ける）指示をしたいとき」に有効ですが、どのように繰り返してほしいのかを指定する必要があり、初期化式・条件式・増減式での回数指定をミスするリスクが存在します。自分が意図した通りに正しく指定ができれば何の問題もありませんが、例えば、本来は5回繰り返しが必要なところ、4回の指定になっていた…など間違えてしまうと業務ミスに繋がる可能性があります。

それに対してforEach文は、一律で配列のすべての要素に対して繰り返してくれるので、繰り返しの回数指定を間違えるリスクも、回数をどう指定すれば良いかを考える手間も発生しません。また、コードをあとあと改修するときや、誰かに引き継ぐ必要がでてきたときも、どんな繰り返しの処理になっているのかパッと見て理解することができる、というのも大きなメリットのひとつです。

それゆえに、基本的にはforEach文を使うことをおすすめします。（本書でも繰り返し処理はforEach文で実装していきます）

✚ 終日予定を記載対象外にする

ここまでに作成したスクリプトでは、終日予定が登録されている場合は「00：00〜00：00：タイトル」とそのデータも入ってきます。

● カレンダーの画面

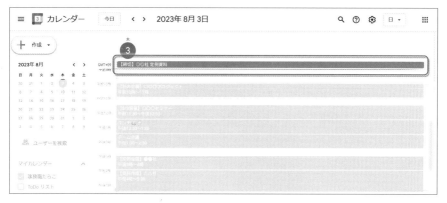

● ログで確認

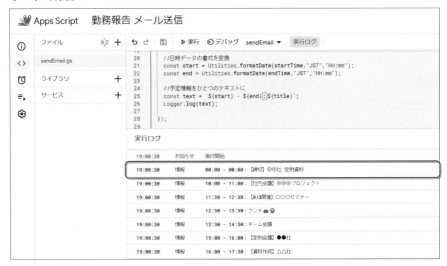

これもメールに記載したい場合はこのままでも問題ありませんが、「終日予定は記載したくない」というシーンを想定して、その処理も追加していきます。まずは、それぞれの予定が終日予定なのかどうかを確認しましょう。

> **構文**
>
> ## CalendarEventクラス.isAllDayEvent()
>
> **◆戻り値**
> 終日予定の場合は「true」、そうでない場合は「false」(Boolean)

終日予定ではない場合は「false」が返ってくるので、下記のif文を追加すると、終日ではない予定の場合のみ、それ以降の処理がされるように分岐できます。

```
(中略)

//終日予定かどうか
const isAllDayEvent = event.isAllDayEvent();
```

```
//終日予定ではない場合、次の処理に進む
if(isAllDayEvent == false){

  (中略)

  //予定情報をひとつのテキストに
  const text = `${start} - ${end}：${title}`;
  Logger.log(text);


}

(中略)
```

実行してログを確認すると、終日予定は取得対象外となって表示されなくなっているのがわかります。

● ログで確認

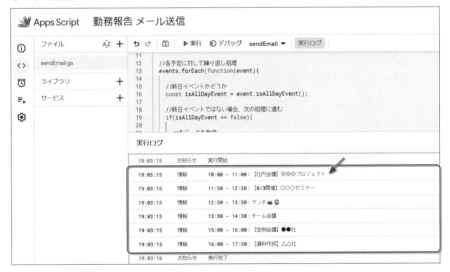

予定の情報をひとつのテキストにする

各データの取得ができたら、メールに記載する用に予定の情報をひとつにまと

めます。まとめる方法はいくつかありますが、今回は「一次元配列」を使った方法を紹介します。

● イメージ

まとめるためのステップは3つです。

ステップ

1 新しい配列を作成
2 配列に、各予定のテキストを追加
3 配列を、文字列データに変換

新しい配列を作成

まずはforEach文の繰り返し処理に入る前に、下記のコードで新しい配列を作成します。要素が何も入っていない空っぽの配列です。

```
//各予定のテキストを格納する配列を作成
const texts = [];

//各予定に対して繰り返し処理
events.forEach(function(event){

    (中略)

});
```

配列に、要素を追加

つづいて、forEach文の中で各予定のテキストを生成した後に、そのデータを配列「texts」に追加します。

4

自動化でさらなるレベルアップ

配列.push(element)

◆引数
element：配列に追加するデータ
◆戻り値
追加したあとの、配列要素の個数

下記のコードを記述します。

```
//各予定のテキストを格納する配列を作成
const texts = [];

//各予定に対して繰り返し処理
events.forEach(function(event){

  //終日予定かどうか
  const isAllDayEvent = event.isAllDayEvent();

  //終日予定ではない場合、次の処理に進む
  if (isAllDayEvent == false) {

    (中略)

    //予定情報をひとつのテキストに
    const text = `${start} - ${end} : ${title}`;
    texts.push(text);

  }
```

```
});

//結果をログで確認
Logger.log(texts);
```

これで、forEach文の繰り返しが終了すると、配列「texts」にすべての予定情報が格納された状態になります。

● ログで確認

配列のデータを、ひとつの文字列に変換

配列の準備ができたら、メールに記載できるように配列のデータを文字列に変換します。「join」を使うと、指定の記号で各要素を区切って1つの文字列を作成することができます。(スプレッドシートのTEXTJOIN関数と似たようなイメージです)

配列.join(separator)

◆引数
separator：各要素を区切る文字(文字列)
◆戻り値
配列のすべての要素が連結された文字列

今回は見やすいように「改行(\n)」を区切り文字に指定して、文字列に変換します。forEach文が終わったあとに、文字列変換のコードを追記しましょう。

```javascript
//各予定のテキストを格納する配列を作成
const texts = [];

//各予定に対して繰り返し処理
events.forEach(function (event) {

    //終日予定かどうか
    const isAllDayEvent = event.isAllDayEvent();

    //終日予定ではない場合、次の処理に進む
    if (isAllDayEvent == false) {

        （中略）

        //予定情報をひとつのテキストに
        const text = `${start} - ${end}：${title}`;
        texts.push(text);

    }

});

//メール記載用に、予定一覧を文字列に変換
const eventText = texts.join("\n");
Logger.log(eventText);
```

　ログで確認してみると、ひとつのテキストにまとめられていることがわかります。

● ログで確認

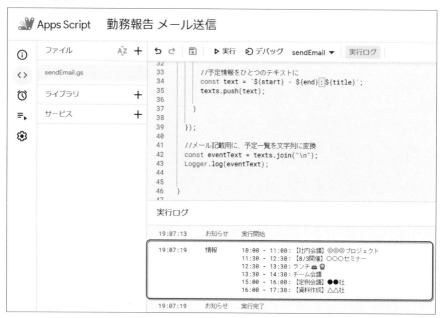

✚メールの件名・本文を生成する

　これで勤務報告に必要な予定の情報の準備ができました。あとは、メール送信するだけです。そのために件名・本文の生成をしましょう。

　まず件名は下記のコードで、日付を入れてわかりやすいようにしましょう。「new Date()」で現在時刻の取得をして、「formatDate」で書式変換をするというのがお決まりのパターンです。

```
//件名を生成
const date = new Date(); //現在時刻を取得
const todayFormatted = Utilities.formatDate(date,"JST","yyyy/MM/
dd"); //日付の書式変換
const subject = `【勤務開始】事務職たらこ ${todayFormatted}`;
```

続いて、本文の生成です。こちらは必要なデータはすべて変数に格納済みなので、テンプレートリテラルを使って文字列と組み合わせて生成しましょう。

```
//本文を生成
const body =
`おはようございます。事務職たらこです。
本日の勤務を開始いたします。スケジュールは下記の通りです。


------------------------------------------

${eventText}


------------------------------------------

本日もよろしくお願いいたします。`;
```

✚ メールを送信する

　では、準備ができたのでメールを送信しましょう。下記のコードを追記します。

```
GmailApp.sendEmail("★ここにメールアドレスを記載★",subject,body);
```

　実行すると、指定した宛先にメールが届きます。おおよそ、意図通りの内容でメールを送信できていますが、予定のタイトルに絵文字が入っていた部分が文字化けしてしまいます。これはGmailAppの仕様です。

● エディタの画面

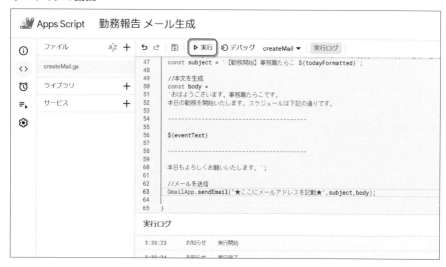

● Gmailの画面

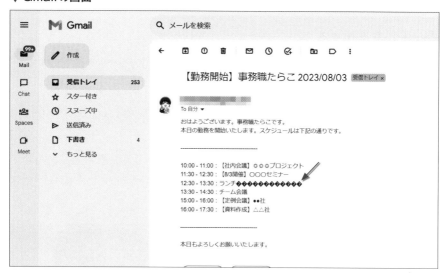

　メールの件名や本文に絵文字を反映したいときには、「GmailApp」ではなく「MailApp」を使うと、文字化けを回避できます。「GmailApp」はGmailのさまざまな処理ができるClassですが、メール送信に特化した「MailApp」も用意されているので、この場合はこちらを使いましょう。

```
MailApp.sendEmail("★ここにメールアドレスを記載★",subject,body);
```

実行して確認すると、絵文字がきちんと反映されたメールが送信されます。

● Gmailの画面

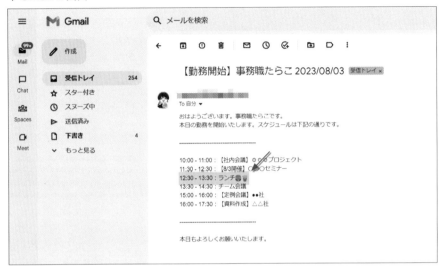

これでスクリプトは完成です。さいごに、スプレッドシートのボタンにスクリプト
を埋め込んで、ボタンクリックで実行できるように設定しましょう。

● スプレッドシートの画面

スクリプトの埋め込みが完了すると、ボタンクリックでメールを送信できるように
なります。

● イメージ

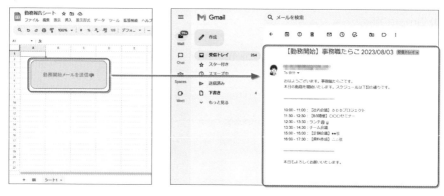

ステップアップ Point

　今回はスプレッドシート上のボタンクリックから任意のタイミングで実行できるように設定しましたが、「毎日自動で動かしたい」というシーンもあるでしょう。「日付ベース」のトリガーで毎日実行する設定はできますが、「実行したいのは平日のみで、土日祝は実行したくない」という場合はこの設定では対応できません。

● トリガー設定画面

その場合には、「日付ベース」のトリガーで毎日実行する設定することに加えて、スクリプト内で平日（つまり土日祝以外）の場合のみ処理が進むように条件分岐することで「平日のみ実行する」という設定を実現することができます。ステップアップではこの方法を解説していきます。

■ 「曜日」を取得する（土日かどうかを判定）

曜日の取得はとてもシンプルで、確認したい日付データに対して「getDay」を使うと、それぞれの曜日を表す整数を取得することができます。**「0」と「6」の場合が「土日」に該当します。**

● 曜日一覧

0	1	2	3	4	5	6
日	月	火	水	木	金	土

例えば、「今日」の曜日を取得するには、下記のコードを記述します。ぜひ、実際にコードを書いて、取得できる曜日のデータをログで確認してみてください。

```
//現在時刻を取得
const today = new Date();

//曜日を取得
const day = today.getDay();
```

これを踏まえて、「土日以外の場合」の条件分岐は下記のコードで実現できます。「!=」が等しくない（≠）を、「&&」がAND条件を示す記号です。

```
//現在時刻を取得
const today = new Date();

//曜日を取得
const day = today.getDay();
```

```
//土日以外の場合は、次の処理に進む
if(day != 0 && day != 6){

    //平日の場合に実行したい処理

}
```

🧩「祝日」かどうかを調べる

　指定した日が「祝日」かどうかは「日本の祝日カレンダー」を使うと確認することができます。日本の祝日カレンダーとは、Googleが公開している地域限定の祝日を確認することができるものです。このカレンダーには祝日予定しか登録されていないため、その日に何かしらの予定があれば祝日、なければ祝日ではない、と判断することができるのでこちらを活用します。

● 日本の祝日カレンダー

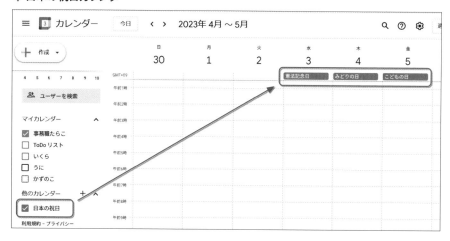

「日本の祝日カレンダー」を登録する

　まず事前準備として、カレンダーに「日本の祝日カレンダー」を表示する(登録する)必要があります。表示していないカレンダーは取得ができないため、まずはこの設定を完了させましょう。

「他のカレンダーを追加>カレンダーに登録」で設定画面に遷移します。

● カレンダーのトップ画面

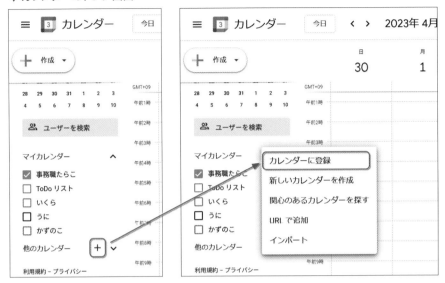

「関心のあるカレンダーを探す>地域限定の祝日」で画面下部にある「日本の
祝日」にチェックを入れれば設定は完了です。カレンダー画面に祝日が表示され
ることを確認しましょう。

● 設定の画面

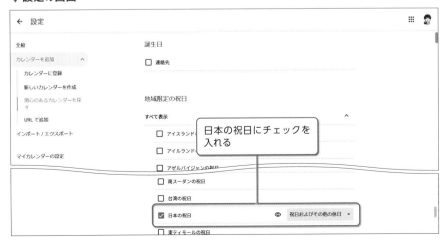

カレンダー ID を取得する

また、カレンダー取得のために必要なIDは、「設定>カレンダーID」から確認できます。

● 日本の祝日カレンダーのID

```
ja.japanese#holiday@group.v.calendar.google.com
```

● カレンダーのトップ画面

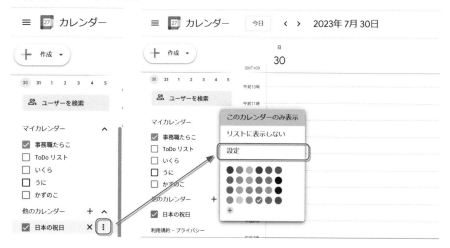

● 設定の画面（ページ下部）

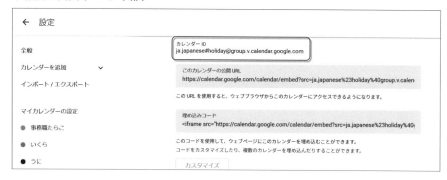

この準備が完了すれば、カレンダーから予定を取得するコードはここまでの復習です。

予定を取得する

特定の日付に登録されている予定は、下記のコードで取得することができます。

```
const calendar = CalendarApp.getCalendarById("ja.japanese#holid
ay@group.v.calendar.google.com");
const events = calendar.getEventsForDay(date);
```

予定があれば、取得した配列「events」の中には1つ以上の要素（CalendarEvent）が格納され、予定がなければ結果は空っぽの配列（つまり要素数が「0」の状態）になります。

● 祝日の場合の「events」

実行ログ		
19:59:32	お知らせ	実行開始
19:59:32	情報	[CalendarEvent]
19:59:33	お知らせ	実行完了

● 祝日ではない場合の「events」

実行ログ		
20:02:36	お知らせ	実行開始
20:02:36	情報	[]
20:02:36	お知らせ	実行完了

「土日祝」かどうかを判定する

配列内の要素数は「配列.length」のプロパティを使うと取得することができ、要素数が「0」の場合は「祝日ではない」と判断することができます。if文の条件に下記を追記すれば、スクリプトを実行している日が平日（つまり土日祝以外）の場合のみ処理が進むように条件分岐することができます。

```
//現在時刻を取得
const today = new Date();

//曜日を取得
const day = today.getDay();

//日本の祝日カレンダーの予定を取得
const calendar = CalendarApp.getCalendarById("ja.japanese#holid
ay@group.v.calendar.google.com");
const events = calendar.getEventsForDay(today);

// 平日（土日祝以外）の場合は、次の処理に進む
if(day != 0 && day != 6 && events.length == 0){

   //平日の場合に実行したい処理

}
```

　土日祝判定は「平日のみ実行したい」というシーンでとても活躍してくれるので、ぜひ色々なスクリプトと組み合わせて活用してください。

わくわくする未来を実現しよう

公式リファレンスの読み方

この本で紹介されていないことをやりたいときは、どうすればいい？

悩みポイント

　ここまで、実践問題に必要なMethodとその使い方を、紹介してきました。ただ、これからみなさんがやりたいことを実現するには、本書で紹介していないことが必要になるケースも出てくるでしょう。ここまでの内容をおさえていれば、ChatGPTに書いてもらったコードや、ネット記事で紹介されているコードを参考にして、必要なパーツを見つけることもできるようになっているはずです。これはとても良いことで、有効な方法ですが、ChatGPTのコードは正しくない可能性があったり、ネット記事では参考にできるコードを見つけられないということもあります。これらの方法しか知らないと、そのときの自分に必要な情報に辿りつくまでにとても時間がかかったり、本当は実現できるのにその情報にたどりつけずにあきらめてしまうこともあるかもしれません。

これで解決

　これを回避することができるのが「公式リファレンス」です。リファレンスと呼ばれるGAS公式のドキュメントには、使うことができるすべてのClassやMethodについての詳細が記載されています。リファレンスを読めば、参考にできるコードを見つけられなくても、やりたいことを実現するために必要な正しい情報を知ることができます。（ChatGPTが教えてくれたことは本当に正しいのか？という確認をすることもできます）

● Google Apps Script 公式リファレンス
　https://developers.google.com/apps-script/reference

● リファレンスの画面

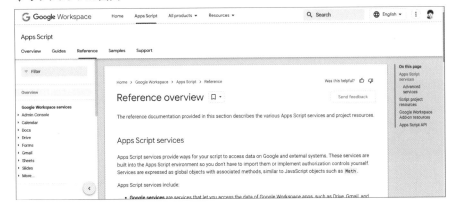

　リファレンスは英語なので、英語に苦手意識のある方は「読める気がしない…」と感じるかもしれませんが、安心してください。翻訳機能を使いながら、適宜日本語で確認すれば問題なく読めるようになります。実は筆者自身が英語がとても苦手なので、はじめは読める気がまったくしなかったのですが「読み方」をつかんだら難なく読めるようになりました。そんな「読み方」をみなさんにも伝授していきます。

● 言語設定は画面右上から

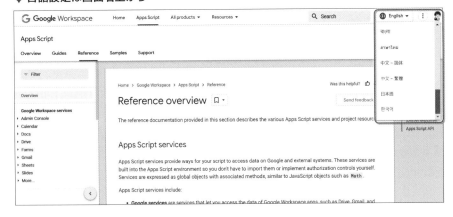

　リファレンスを読めるようになると、必要な情報に最短距離でアクセスできるので、開発が本当にスムーズになります。なので、是非みなさんにもリファレンス

を味方にしていただきたいのですが、ChatGPTやウェブ検索など他に調べる手段はたくさんあるので、読めないからといって開発ができないわけではありません。「ちょっとまだリファレンスはハードルが高いな」と思ったら、ここはスキップしても大丈夫です。余裕が出てきて「リファレンス読んでみようかな」と思ったときに戻ってきてください。

Do 解説

それでは読み方を確認しましょう。画面右上からキーワード検索することもできますが、ページの構造を把握しておくと欲しい情報を見つけやすくなるので、どの順番でどこを見ていくのか、順に解説します。

● 検索ボックスは画面右上に

「アプリ」を見つける

まずは画面の左側「Google Workspace services」に注目してください。ここに操作できるアプリが一覧で表示されています。（「Docs」はドキュメント、「Sheets」はスプレッドシートのことを指します）

● アプリ一覧

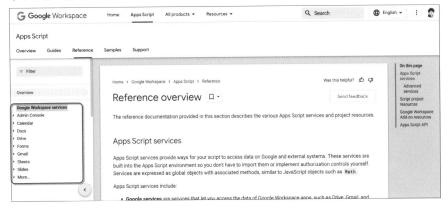

🧩「Class」を見つける

アプリ名をクリックすると、詳細の項目が表示されます。「Overview」がそのアプリに用意されているすべてのClassとMethodを一覧で確認できるページで、その下に「○○○App」と最上位階層になるClassが配置されています。ここで、はじめて操作するアプリでも、どのClassをスタート地点にコードを書き始めればよいのかを知ることができます。

● 最上位階層は「Overview」の下に表示される

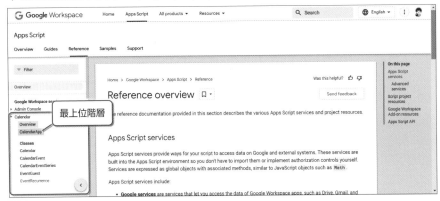

さらに、その下には「Classes」があり、そのアプリに用意されているすべてのClassがアルファベット順に表示されます。

● 「Classes」がClass一覧（最上位階層を除く）

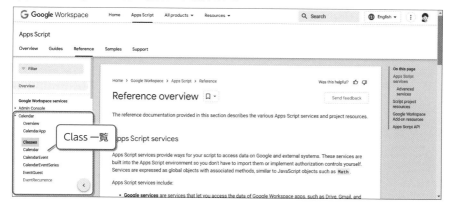

「Method」を見つける

Class名をクリックすると、詳細ページに遷移します。ここで、そのClassに対して用意されているすべてのMethodを確認することができます。ざっと目を通してみると「こんなことも出来るんだ!」という発見があり、開発のアイデアにつながったりするので、ぜひ実際に見てみてください。

● 例：「Calendarクラス」のMethod一覧

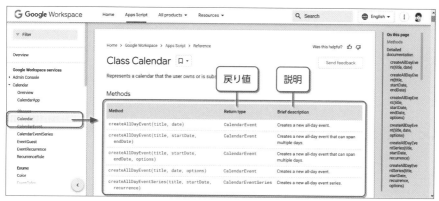

何ができるMethodなのかが説明されている「Brief description」は英語なので、日本語の方が良い方は翻訳機能を使いながら見ていきましょう。リファレンスの言語設定の変更や、Chromeブラウザの翻訳機能などが活用できます。

● 画面右上で「日本語」に翻訳

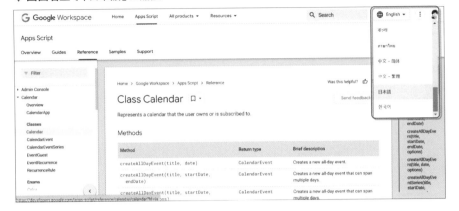

● ブラウザのページ翻訳で「日本語」に翻訳

🔹「Method」の使い方を確認する

　Method名をクリックすると、使い方の詳細が記載されている箇所にジャンプします。例として、カレンダーに終日予定を作成する「createAllDayEvent」の詳細を確認してみましょう。

● クリックで詳細にジャンプ

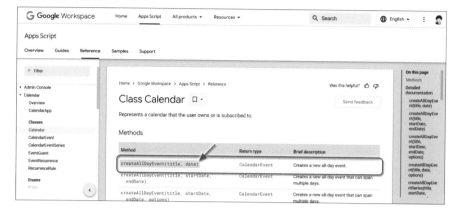

　ここで、「説明」「サンプルコード」「Parameter（引数）」「Return（戻り値）」を確認することができます。**どれも重要な項目ですが、Methodの使い方を把握するためには、「Parameter（引数）」と「Return（戻り値）」の記載をしっかりと確認することがポイントです。**

● Methodの詳細

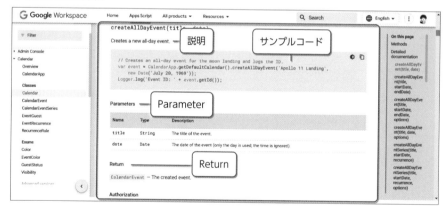

🔷「Parameter」の読み方

ここでは、Parameterに渡すべきデータの詳細が説明されています。

● Parametersの画面

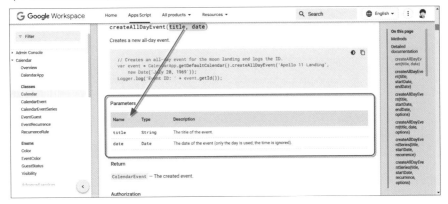

それぞれが、何を指定する項目で、どのデータ型（Type）で指定をすれば良いのかが記載されています。ここのデータ型の指定を守らないとエラーが出てしまうので、しっかり確認しましょう。（データ型についてはこのあと詳細を解説します）

● Parametersの画面

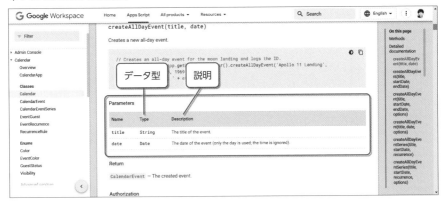

✚「Return」の読み方

ここでは、Methodを使うと返ってくるデータ（戻り値）を確認することができ、そのデータ型（Type）と内容が記載されています。取得できるデータが文字列なのか、日付型なのか、それともなにかのClassなのかで、それ以降に必要なコードが変わるため、ここのデータ型もしっかり確認するようにしましょう。

● Returnの画面

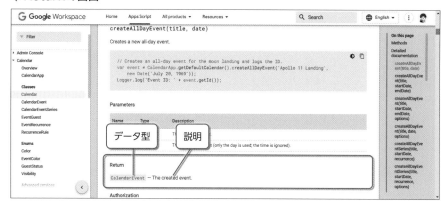

✚「データ型（Type）」の読み方

「Parameter」と「Return」、それぞれにデータ型の記載がありましたが、リンクが付いているものと付いていないものが存在します。

● リンクの有無

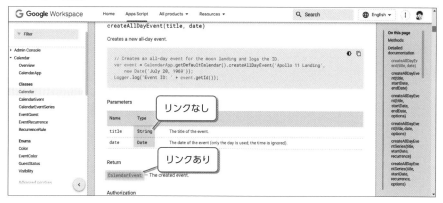

リンクが付いていないものは、他のプログラミング言語でも使われるような一般的なデータ型です。

● 主要なデータ型

Name	説明
String	文字列
Date	日付
Integer	整数
Number	数値
Boolean	true / false

　リンクが付いているものは、GAS特有のデータ型で「Class」と「Enum」の2種類に分かれます。

Class

　「Class」はもうお馴染みですね。例えば、下記の「CalendarEvent」をクリックすると、CalendarEventクラスのページに遷移するので、ここで「あ、これはCalendarEventクラスを意味するんだな」と読み解くことができます。

● リンクをクリックして、データ型を確認

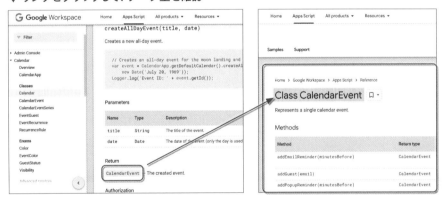

　上図のようにReturn（戻り値）がClassの場合は、そのリンク先のMethod一覧から、次のステップで使うべきものを探すことができます。「このClassを取得できたけど、このClassをいったいどう処理すれば良いんだろう？」と悩んだときは、どんな操作ができるのかMethod一覧を眺めてみるとひらめくことがあります。

また、これはリンクが付いていないデータ型にも共通することですが、**データ型の横についている [] は一次元配列を、[] [] は二次元配列を示します**。次図の「CalendarEvent []」は「CalendarEventクラスが一次元配列に格納されたデータ」を示します。

● 例：[]は一次元配列

Enum

　「Enum」はスプレッドシートにポップアップ画面を表示するときのbuttonsの指定などで登場しました。

● 復習

```
//UIにポップアップ画面を表示
const ui = SpreadsheetApp.getUi();
const btn = ui.ButtonSet.OK;
ui.alert("完了😊","スライド作成が完了しました",btn);
```

　この場合も、リンクをクリックするとEnumのページに遷移するので、ここで「あ、これはEnumを意味するんだな」と読み解くことができます。

● リンクをクリックして、データ型を確認

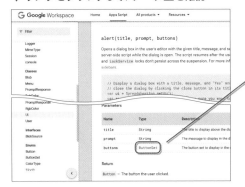

　Enumは、あらかじめ用意されている選択肢の中から選んで指定をするデータ型で「Class.Enum.選択項目」と記述をして使います。基本的には「Enumが用意されているアプリの最上位階層（○○○App）」をClassに「○○○App.Enum.○○○」と指定します。ひとつ前に例にあげた「buttons」はアプリ共通のEnumのため、少し特殊で「Ui.ButtonSet.○○」とUiクラスをClassに指定して使います。（Enumが出てくるシーンはあまりないので、本書の実践問題に出てきた内容をおさえておけば、まずは大丈夫です）

　「Parameter」と「Return」のデータ型をしっかり把握できれば、さまざまなMethodを自由自在に活用することができます。はじめは少し読むことにハードルを感じるかもしれませんが、上記でお伝えしたページの構造を理解できていれば、必要な情報を速く正しく得ることができるので、余裕のあるときなどに少しずつリファレンスの活用にも挑戦してみましょう。

ステップアップ Point

　今回のステップアップPointは中級レベルで、少し難易度の高い話になるのですが、知っておくと、みなさんがレベルアップしたときにとても役立つ情報になるので、ここで紹介します。

　実はGASは「JavaScript」というプログラミング言語をベースに開発されたもの

で、ここまでに紹介した「変数」「文字列」「配列」「条件分岐」「繰り返し処理」などはJavaScriptの文法に準じていて、基本的に使い方は同じになっています。

そのため、例えば「配列内の要素を削除したい」と思ったときに、「Google Apps Script 配列 削除」と調べる以外にも「JavaScript 配列 削除」と調べて参考にすることが可能です。どうしてこれをお伝えしているかというと、JavaScriptの方がメジャーな言語なので、ヒットする情報が圧倒的に多いからです。「Google Apps Script」をキーワードにすると、なかなか辿りつけない情報にも「JavaScript」ならさくっと見つけられることが良くあります。

JavaScriptにもドキュメントがあるので、「配列や文字列に対してどんな処理ができるのかな?」と調べたいときなどにこちらも重宝します。(GASのリファレンスにはJavaScriptの基本文法にあたるものの説明は載っていないので、このドキュメントの存在を把握していると、できることの幅も広がります)

● JavaScriptドキュメント

https://developer.mozilla.org/ja/docs/Web/JavaScript

● ドキュメントのトップページ

例えば、右上の検索ボックスに文字列を意味する「String」と入力して、文字列の情報に遷移すると、どのようなMethodが用意されているのか、つまり文字列に対してどのような処理ができるかを確認することができます。(配列に対する処理を調べたいときは、同じように「Array」と検索すると確認できます)

● Stringのページ

　Method名をクリックすると詳細ページに遷移して、どんな処理ができるものなのか、その概要を画面上部で確認できます。ページ下部には使い方やサンプルコードが載っているので、ここで使い方を確認するのももちろん良いですし、「このMethodが使えるかも」というところまでドキュメントでインプットできたら、ChatGPTやウェブ検索を駆使して、使い方を調べるというのもひとつの手です。（ページの後半にはさまざまな情報が載っていて、必要な情報を探すのが少し大変なこともあるので、そういった場合はChatGPTなどと組み合わせながら使い方を調べる方法がおすすめです）

● 例：「includes」というMethodの詳細ページ

いますぐに、完璧にJavaScriptのドキュメントを読めるようになる必要はありません。「JavaScriptも参考にできるらしい」ということさえ頭の片隅に入れておくと、初級からレベルアップして、少し高度なこともやりたいなと思ったときに、みなさんを助けてくれる武器になるので、存在だけ覚えておきましょう。

Column GASを学ぶと、他の言語の習得がスムーズになる

「変数・文字列・配列・条件分岐・繰り返し処理」などはプログラミングに共通する概念です。細かい文法などは言語によって変わりますが、考え方の枠組みはとても似ています。そのため、プログラミング言語をひとつ学ぶと、前提となる基礎知識がインプットされている状態なので、ふたつめ以降の学習はぐっとスムーズになります。

ぜひ一度、Excel操作を自動化できる「VBA」や、あらゆるPC作業の自動化やアプリ開発ができる「Python」などの書籍も手にとってみてください。「この言葉はGASにも出てきたな」「この構文の書き方、すごくGASに似ているな」と、本書で学ぶ前には想像ができなかったほどに、身近な存在に感じることができるはずです。プログラミング言語以外にも、パーツを組み合わせてプログラムを組み立てる「ノーコード・ローコードツール」も、プログラミングの考え方を学んだ状態で挑戦すると「どう組み立てればよいのか」を自分の頭でイメージできるようになるので、スムーズに習得することができます。

本書を通して、みなさんが武器にできる技術・ツールは格段に広がっています。ここで学んだプログラミングの基礎知識は強い味方になるので、自信をもって他の言語やツールにも挑戦してみてください。

第5章

さらなるアドバンス
テクニックの『紹介』

業務を変革するようなアイデアを実現するために

可能性をひろげよう

ここまでスプレッドシートやドライブ、カレンダーなど、Googleアプリ内で完結する業務を想定してGASの基礎を学んできました。これだけでも多岐にわたる業務を自動化できますが、SlackやChatworkなどのチャットツールや、ChatGPT、またその他業務に特化したツールなどの外部サービスを利用する業務も多くあることでしょう。

第3章の『業務効率化の新常識 Google Apps Script』でも触れたとおり、こういった外部サービスの操作や連携は「API」を使うことで実現できます。例えば、これまでの実践問題ではメール通知していたところを、よく使っているチャットツールへの通知にアップデートするだけでも、業務がよりシームレスになります。各種サービスのAPIを使うことができれば、自動化できる範囲がぐっと広がります。「こんなことが出来たらいいな」という理想を叶えるために、その基礎を習得しましょう。

また、それ以外にも本書で学んだことを業務で活用していくために、知っておくとよいポイントも紹介していきます。

注意

この章では、ChatGPT/SlackのWebAPIの使い方や、データをわかりやすく可視化することができるLooker Studioの使い方を紹介します。本書の情報および画面キャプチャは執筆時現在のものです。アップデートなどにより画面や仕様が変更されると、実際の画面とキャプチャに相違が生まれたり、APIの使い方が変わってそのままのコードでは使えなくなることもありますので、ご了承ください。この場合は、公式のドキュメントやリリースを参考にしながら進めるのがおすすめです。

『WebAPI』を使って、『ChatGPT』『Slack』などの外部ツールと連携する

「API」って、どうやって使えばいいの?

悩みポイント

外部サービスの操作をしたいときに登場する「API」、いったいどうやって使うものなのか、まださっぱり見えていない状態だと思います。ここでは、ChatGPTとSlack APIをとおしてWeb APIの基本的な使い方を解説します。各サービスによって詳細な仕様などは異なりますが、基本的な使い方は共通しているので、ここで基礎を習得しましょう。

これで解決

Web APIの使い方は、ざっくりと説明すると下記の2つのステップです。

ステップ

1 APIキー(またはトークン)を発行する

2 専用のURLに、必要な情報を添えてリクエストする

APIキーとは、ログインするためのパスワードのようなものです。私たちがChatGPTやSlackを利用するときに、ログインが必要になるのと同じく、API経由で操作をするときにも、これが必要になります。(例外として、APIキーが不要なサービスもあります)

はじめのうちは、Googleアプリ操作と比べて複雑なコードに見えるかもしれませんが、大枠はとてもシンプルです。ChatGPTとSlack APIの解説をとおして、理解を深めていきましょう。

解説

それでは実際にやっていきましょう。

✚『ChatGPT』のWebAPIを使う

「ChatGPTに命令をして、回答を受け取る」という基本的な処理をやってみましょう。

● イメージ図

OpenAIのAPIを使っていきますが、従量課金制のAPIのため、利用には費用がかかります。最新の料金体系については、下記の公式ページを参照してください。本書では比較的安価な「GPT-3.5 Turbo」のモデルを使い、解説をすすめます。

● OpenAIのAPIの「料金体系」
https://openai.com/pricing

2023年7月時点では、OpenAIのアカウントを作成してから3か月以内はトライアル期間となり、無料で利用できるクレジットが5ドル分付与されます。そのため、この期間内であれば無料でお試しすることができます。

注意

料金体系は、執筆時現在の情報です。サービスの仕様や料金体系は変わる可能性があります。

無料クレジットを使えるかどうかは、OpenAIのアカウント設定画面の「Usage」のページで確認できます。「Free trial usage」と表示されていて、「EXPIRES」が期限内であれば、無料クレジットが有効な状態です。

● OpenAIのAPIの「アカウント設定（Usage）」
https://platform.openai.com/account/usage

● Usageの画面（有効な状態）

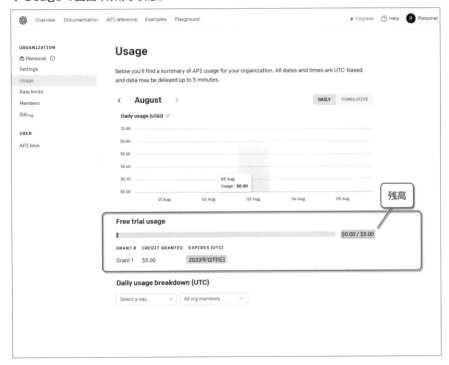

　期限が切れていると「Expired」と表示されます。

● Usageの画面（期限切れの状態）

それでは、APIを使うための準備からすすめていきます。

APIキーを発行する

まずはAPIキーを発行します。このAPIキーがあれば、誰でもあなたのアカウント
を使ってAPIを利用することができるので、むやみに共有しないように取り扱いに
は注意してください。

先ほどのアカウント設定画面から「API keys」タブに移動し、「+Create new
secret key」をクリックします。

● API keysの画面

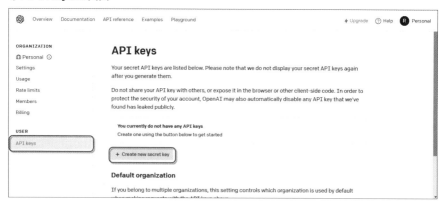

任意の名前を入力して「Create secret key」をクリックしてください。（名前は
OpenAIのAPI管理画面上で表示されるものなので、自由に命名して問題ありませ
ん）

● APIキーを発行

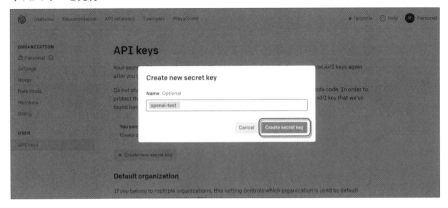

そうすると、画面中央部分にAPIキーが表示されるので、これをメモしておきましょう。のちほど使います。また、注意書きがあるとおり一度画面を閉じたらAPIキーを再表示することができないので注意してください。

● APIキーが表示

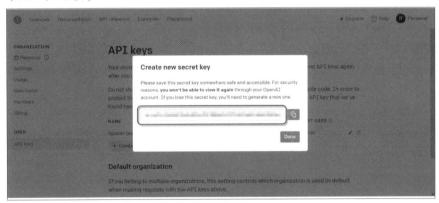

クレジットカード情報を登録する

つづいて、無料のトライアル期間を過ぎている場合は、クレジットカード情報を登録する必要があります。

条件を理解してクレジットカードを登録する場合は、設定するために、アカウン

ト設定画面の「Billing>Overview」を開いて、「Set up paid account」をクリックして、必要な情報を入力します。

● Billing overviewの画面

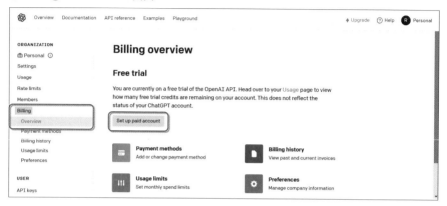

　無料クレジットが有効ではない状態で、この登録をしていないと下記のエラーで返ってきてしまうのでご注意ください。

```
{
  "error":
    {
      "message": "You exceeded your current quota, please check
your plan and billing details.",
      "type": "insufficient_quota",
      "param": null,
      "code": "insufficient_quota"
    }
}
```

「スクリプト プロパティ」にAPIキーを設定する

　必要な事前準備が完了したので、スクリプトを作成していきましょう。プロジェクトはContainer-bound型・Standalone型どちらでも大丈夫です。

まずはプロジェクトの「スクリプト プロパティ」にAPIキーを設定します。API
キーはスクリプト内に直接記述することもできるのですが、パスワードと同じでむ
やみに公開すべき情報ではありません。そのため、「スクリプト プロパティ」とい
う機能を使って少し隠れた場所にAPIキーの情報を保存しておきます。

　「プロジェクトの設定」に移動して、画面下部の「スクリプト プロパティを追
加」から設定をします。

● プロジェクトの設定 画面

　「プロパティ」にはAPIキーを取り出すときの任意のキーワードを、「値」には
APIキーを入力して保存してください。

● プロジェクトの設定 画面

「スクリプト プロパティ」からAPIキーを取得する

設定した値は、スクリプトから取得することができます。「key」に該当する部分には取り出したい「値」の「プロパティ」を指定します。

```
const apiKey = PropertiesService.getScriptProperties().getProper
ty("key");
Logger.log(apiKey);
```

実行してログを確認すると、先ほど設定した「key」の値を取得できていることがわかります。

● ログで確認

こうすると、1度設定した値を呼び出せるようになるため、プロジェクト内に存在するいくつかの関数で同じAPIキーを使いたいというシーンでも、何度もAPIキーを記述する必要がなくなるのも便利なポイントです。

ChatGPTに命令をする（リクエストを投げる）

基本のスクリプトは下記のとおりです。ChatGPTは非常に奥深く、さまざまな詳細指定をすることができるのですが、今回はシンプルにChatGPTに命令をするスクリプトを紹介します。

見慣れないキーワードや記号が多く、「何がなんだかさっぱりわからない……」という印象を受けるかもしれませんが、ほとんどが規則に基づいた固定的なコードです。状況に応じて変更する必要があるのは、青字部分のみです。コードのすべての意味を完璧に理解できなくても、やりたいことを実現するために変更すべき点がどこで、ざっくりと何をしているものなのかをつかめれば十分に活用していけるので安心してください。

```
function requestChatGPT() {

  //APIキーを取得
  const apiKey = PropertiesService.getScriptProperties().getProp
erty("key");
```

```
//APIのエンドポイントを宣言
const apiUrl = "https://api.openai.com/v1/chat/completions";

//命令文を宣言
const content = "Google Apps Scriptでどのようなことが出来るか、
200文字以内で教えてください。";

//payloadを準備する
const requestBody = {
  "model": "gpt-3.5-turbo",
  "messages": [{ "role": "user", "content": content }],
}
const payload = JSON.stringify(requestBody); //requestBodyを
JSON形式の文字列に変換

//オプションを準備する
const options = {
  method: "POST",
  muteHttpExceptions: true,
  headers: {
    "Content-Type": "application/json",
    "Authorization": "Bearer " + apiKey,
  },
  payload: payload,
}

//リクエストを送信
const response = UrlFetchApp.fetch(apiUrl, options);
Logger.log(response);
}
```

　ためしにスクリプトを実行すると、次図のように結果がログに表示されます。
記号が多く複雑に見えるかもしれませんが、回答が入っていることがわかります。

（このデータの扱い方はこのあと解説していきます）

● ログで確認

　では、スクリプトの内容の解説にすすみましょう。全体の構造は下記のように
なっています。最終的に❷でリクエストを送信するときに、添える情報を❶で段階
的に準備をしているような構造です。

● エディタの画面

上から順に、それぞれのコードが何を意味するのか、確認していきましょう。

APIキーを取得

下記は、先ほど解説したとおり「スクリプト プロパティ」に設定しているAPIキーを取得しています。

```
const apiKey = PropertiesService.getScriptProperties().getProper
ty("key");
```

APIのエンドポイントを宣言

つぎに、最終的にリクエストを送信するURLを宣言しています。これが何の処理をするかの指定になっていて、「Class.Method(Parameter)」の「Method」と同じような役割です。ChatGPTと会話するためのURLが決められているので、それをここで宣言しています。

```
const apiUrl = "https://api.openai.com/v1/chat/completions";
```

命令文を宣言

ChatGPTへの命令を宣言しています。ここは自由に変更することができるので、ぜひ色々な命令をためしてみてください。

```
const content = "Google Apps Scriptでどのようなことが出来るか、200
文字以内で教えてください。";
```

payloadを準備する

payloadとはリクエストのデータ本文のことを指します。これは「Class.Method(Parameter)」の「Parameter」と同じような役割です。処理をするための詳細指定となる各種情報をまとめています。

「requestBody」は連想配列と呼ばれるデータ型で、「modelは○○○、messagesは○○○」と必要なParameterの値をそれぞれ指定しています。渡すべき情報の

データ型は決められているため、それに則った形式で指定をしています。

```
const requestBody = {
  "model": "gpt-3.5-turbo",
  "messages": [{ "role": "user", "content": content }],
}
```

青字部分は指定を変更することも可能です。「gpt-3.5-turbo」はAPIのモデルを、「user」はこのmessagesの役割を指定する項目です。他にどのような指定ができるか気になる方はOpenAIのAPIリファレンスを参考にしてみてください。

● **OpenAIのAPIリファレンス**
https://platform.openai.com/docs/api-reference/chat/create

また、「requestBody」のデータは最終的にリクエストを送信する際に、データ型をJSON形式の文字列にする必要があるため、「JSON.stringify」の変換処理をしています。(ここはこういうデータ型もある、ということだけおさえておければ大丈夫です)

```
const payload = JSON.stringify(requestBody); //requestBodyをJSON
形式の文字列に変換
```

オプションを準備する
ここで、「apiKey」と「payload」も含めたリクエストに必要な各種情報をまとめています。エンドポイントとなるURLに、この情報を一緒に渡してリクエストを送るというのが決まりになっているので、そのルールに則って必要事項を宣言しています。

```
const options = {
  method: "POST",
  muteHttpExceptions: true,
```

```
  headers: {
    "Content-Type": "application/json",
    "Authorization": "Bearer " + apiKey,
  },
  payload: payload,
}
```

　このときに注意が必要なのが「"Authorization":"Bearer " + apiKey」の「Bearer」のあとには、ひとつ半角スペースが入るという点です。半角スペースを忘れてしまうとエラーになってしまうので、注意してください。

リクエストを送信

　ここまでの準備ができたら、ようやくリクエストを送信することができます。「UrlFetchApp.fetch」を使うとURLに、オプションを添えてリクエストを送信することができます。URLにアクセスするようなイメージです。

```
const response = UrlFetchApp.fetch(apiUrl, options);
Logger.log(response);
```

ChatGPTから回答を受け取る（レスポンスを受け取る）

　ChatGPTにリクエストを送信して、その結果（レスポンス）を変数「response」に格納することができました。ここから、生成された回答メッセージを取り出しましょう。

● ログで確認

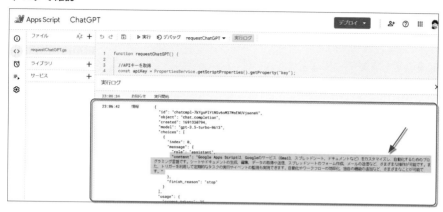

回答メッセージを取り出すには、下記のコードを記述します。

```
(中略)
//リクエストを送信
const response = UrlFetchApp.fetch(apiUrl, options);
Logger.log(response);

//レスポンスをJavaScriptオブジェクトに変換
const contentText = response.getContentText(); //responseを文字列
として取得
const jsonResponse = JSON.parse(contentText); //contentTextをJav
aScriptオブジェクトに変換

//回答メッセージを取り出す
const outputMessage = jsonResponse.choices[0].message.content;
Logger.log(outputMessage);
```

また、聞きなじみのない単語がたくさん出てきましたが、上から順に、それぞれのコードが何を意味するのか確認していきましょう。

レスポンスをJavaScriptオブジェクトに変換

「JavaScriptオブジェクト」とはデータ型のひとつです。「response」から回答メッセージを取り出すためには、この変換の処理をはさむ必要があります。(そのままのデータ型ではできません)

```
const contentText = response.getContentText(); //responseを文字列
として取得
const jsonResponse = JSON.parse(contentText); //contentTextをJav
aScriptオブジェクトに変換
```

2段階の処理になっていることがわかりやすいように、1行1行に分けて記述をしていますが、下記のようにまとめて記述することも可能です。

```
const jsonResponse = JSON.parse(response.getContentText());
```

回答メッセージを取り出す

データの変換ができたら、あとは必要な情報を取り出すだけです。レスポンスデータは、「連想配列」と「一次元配列」が重なった階層が深いデータです。

● レスポンスをログ確認

このあと、取り出し方の詳細を解説しますが、慣れないうちはなかなかうまくデータの構造をつかめないかもしれません。その場合は、下記のコードを参考にするのはもちろんですが、ChatGPTに取り出し方を教えてもらうのもひとつの手です。「このレスポンスデータから〇〇〇の部分だけ取り出すにはどうしたらよいですか?」と聞いてみると、データを解析して、下記に該当する取り出し方を教えてくれます。(※ChatGPTの回答が必ずしも正しいとは限らないので、その点はご注意ください)

　では、取り出し方を確認しましょう。下記のコードで回答メッセージを取り出すことができます。

```
const outputMessage = jsonResponse.choices[0].message.content;
Logger.log(outputMessage);
```

　レスポンスデータを扱う上で、「連想配列」についての理解が必要なため、これを確認しましょう。「連想配列」とは、全体を中括弧({})で囲み、各要素を「キー:値」で表現したデータ型です。特定キーの値は「変数名.キー」で取り出すことができます。

```
const taraco = {
  name:"事務職たらこ",
  gender:"female",
  age:29
}

Logger.log(taraco.name);
>>  事務職たらこ


Logger.log(taraco.gender);
>>  female
```

これをふまえて、レスポンスデータを確認してみると、最終的に取り出したい回答メッセージは、「content」というキーの値であることがわかります。ただ、このデータは「連想配列」と「一次元配列」が何重にもなっているため、ひとつずつブレークダウンしながらデータを取り出す必要があります。

● ログを確認

　いま取得できているレスポンスデータの全体は「連想配列」で、「content」を含むデータのキーは「choices」です。そのため、まずは「jsonResponse.choices」とします。

● ログを確認

つづいて、「jsonResponse.choices」に該当するデータを見てみると、「一次元配列」であることがわかります。

● ログを確認

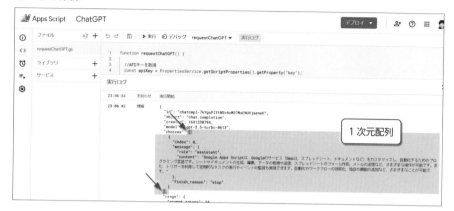

実はChatGPTは、APIを使うと1つの命令に対して複数の回答を生成することもできるため、複数結果を保持できるように一次元配列のデータになっています。今回生成している回答は1つなので「jsonResponse.choices[0]」とすれば、必要な要素を取り出すことができます。

さらに、一次元配列内のデータを確認すると、連想配列のデータになっていて、「content」を含むデータのキーは「message」であることがわかります。そのため「jsonResponse.choices[0].message」とつづけます。

● ログを確認

　これで、お目当ての「content」の値を取得できる階層までたどりつけました。最終的に、「jsonResponse.choices[0].message.content」で回答メッセージを取り出すことができます。

● ログを確認

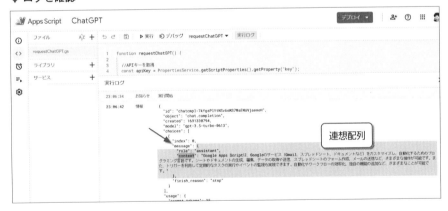

　階層が深く、少しややこしく感じるかもしれませんが、ひとつひとつ階層を深ぼることで、お目当てのデータに近づくことができます。この辺りは、データを見ることへの慣れも必要になってくるので、まずは見よう見まねでも大丈夫です。(ここがよく理解できないからといって落ち込む必要はありません)

ChatGPTに命令をして、回答を受け取る

ここまでの内容をまとめた、最終的なスクリプトは下記のとおりです。

● サンプルコード

```
function requestChatGPT() {

  //APIキーを取得
  const apiKey = PropertiesService.getScriptProperties().getProp
erty("key");

  //APIのエンドポイントを宣言
  const apiUrl = "https://api.openai.com/v1/chat/completions";

  //命令文を宣言
  const content = "Google Apps Scriptでどのようなことが出来るか、
200文字以内で教えてください。";

  //payloadを準備する
  const requestBody = {
    "model": "gpt-3.5-turbo",
    "messages": [{ "role": "user", "content": content }],
  }
  const payload = JSON.stringify(requestBody); //requestBodyを
JSON形式の文字列に変換

  //オプションを準備する
  const options = {
    method: "POST",
    muteHttpExceptions: true,
    headers: {
      "Content-Type": "application/json",
      "Authorization": "Bearer " + apiKey,
    },
```

```
    payload: payload,
  }

  //リクエストを送信
  const response = UrlFetchApp.fetch(apiUrl, options);
  Logger.log(response);

  //レスポンスをJavaScriptオブジェクトに変換
  const jsonResponse = JSON.parse(response.getContentText());

  //回答メッセージを取り出す
  const outputMessage = jsonResponse.choices[0].message.content;
  Logger.log(outputMessage);

}
```

　この基本的な使い方をおさえておくと、GASで取得したデータをもとに
ChatGPTに命令し、その回答を受け取って処理することが出来るようになるの
で、あらゆるスクリプトにChatGPTを組み込むことが可能になります。例えば、ド
キュメントやスライドのテキストを読み込んで誤字脱字チェックをしたり、会議の
文字起こしデータを読み込んで議事録を作成する、といったことが可能です。ア
イデア次第でさまざまな使い方ができますので、「こんなことが出来たらいいな」
を考えて、スクリプト作成に挑戦してみましょう。

✚『Slack』のWebAPIを使う

　つづいて、Slack APIを使ってチャンネルにメッセージを投稿してみましょう。こ
の内容をおさえておくと、実践問題ではメール通知していたものをSlack通知に
アップデートできるようになるため、主なコミュニケーションツールとしてSlackを
使っている場合、業務がとてもシームレスになります。

● イメージ図

　ChatGPTの処理をしてみて「なじみのないキーワードばかりで、よくわからない
な…」「APIってむずかしいのかもしれないな…」と思っている方もいるかもしれま
せん。たしかに、少し慣れるまでに時間が必要かもしれませんが、Slack APIの使
い方やそのスクリプトを見てみると、ChatGPTとの共通点の多さにおどろくはずで
す。Web APIの基本はもうインプットできていますので、きっと想像以上にスムー
ズに習得ができるようになっています。「Slackは使っていない」という方も、ぜひ
スクリプトをざっと眺めてみてください。Web APIの使い方が見えてくるはずで
す。

はじめに、ワークスペースを準備する

　Slackのアカウントを持っていなかったり、自由に使ってもよいワークスペースが
ない場合は、下記URLからワークスペースを準備しましょう。

● ワークスペース作成
https://slack.com/get-started#/createnew

OAuth Tokenを発行する

SlackではAPIキーと同じ役割を担うものを「OAuth Token」と呼びます。そのため、まずはこれの準備をすすめていきます。Slack APIを利用して操作するためには専用の「アプリ」を作成する必要があり、アプリごとに「OAuth Token」を発行することができます。

1 新しいアプリを作成する

まずは、アプリの管理ページにアクセスをしてください。「Create an App」をクリックして、新しいアプリの作成をすすめていきます。

● アプリ管理ページ

https://api.slack.com/apps

● アプリの管理画面

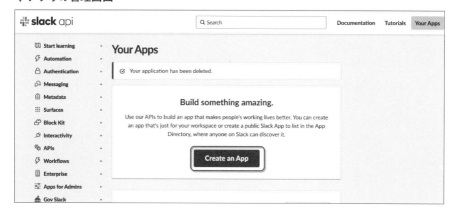

2 種類を選択する

つづいて、アプリの種類を選択します。「From scratch」をクリックしてください。

● アプリの作成画面

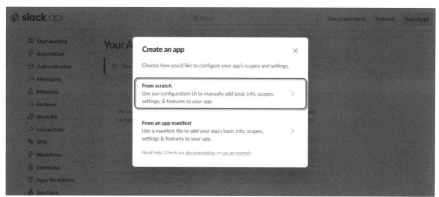

3 概要を設定する

　つぎに、任意のアプリ名を入力し、ワークスペースを選択してから「Create App」をクリックします。アプリ名は英語にしておくと、このあとの設定がスムーズになるので、おすすめです。（詳細は後述）

● アプリの作成画面

4 権限を追加する

Slack APIでは多岐にわたる操作が可能ですが、アプリにどの操作の許可をするかを設定する必要があります。ここで権限設定されていない操作は行うことができません。そのため、必要な権限を設定しましょう。

まずは、「OAuth & Permissions」のタブに移動して、「Scopes>Bot Token Scopes」の中にある「Add an Oauth Scope」をクリックしてください。

● OAuth & Permissionsの画面

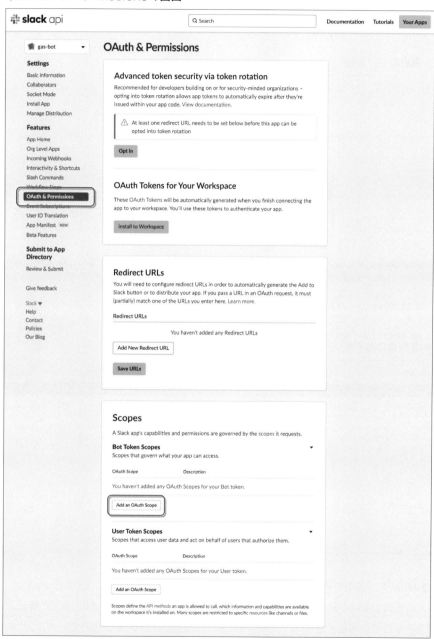

そうすると追加する権限を選択することができるので、「chat：write」の権限を
追加します。チャンネルにメッセージ投稿するための権限です。

● 権限設定の画面

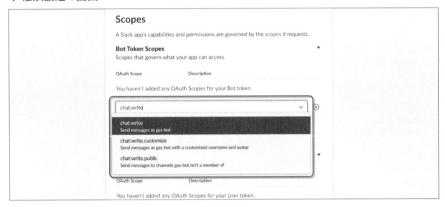

「chat：write」が画面に表示されたら、設定は完了です。

● 権限設定の画面

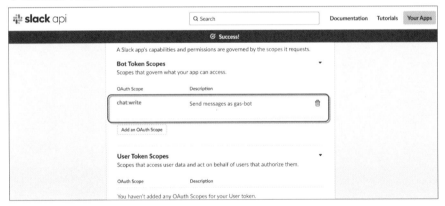

5 Display Nameの設定を確認する

つぎに、「App Home」のタブに移動をして、「App Display Name」に名前が
表示されていることを確認してください。ここの名前が空欄になっていると、この
あとのインストールができないため、その場合は「Edit」から設定をしてください。

（アプリ名を英語にしておくと、デフォルトで名前が反映された状態になります）

● App Homeの画面

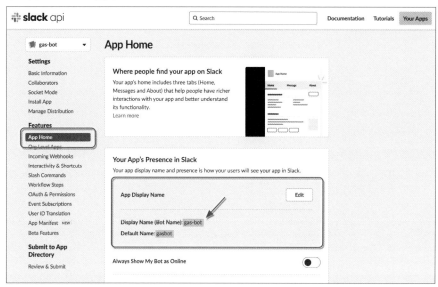

6 アイコン画像の設定をする

あと少しで設定が完了します。「Basic Information」タブに移動をして、「Add App Icon」で任意のアイコン画像の設定をしてください。設定した画像は、メッセージ投稿するBotユーザーのアイコンとして反映されます。ここについては設定しなくても利用することができ、その場合は標準の画像が適用されます。

● Basic Informationの画面面

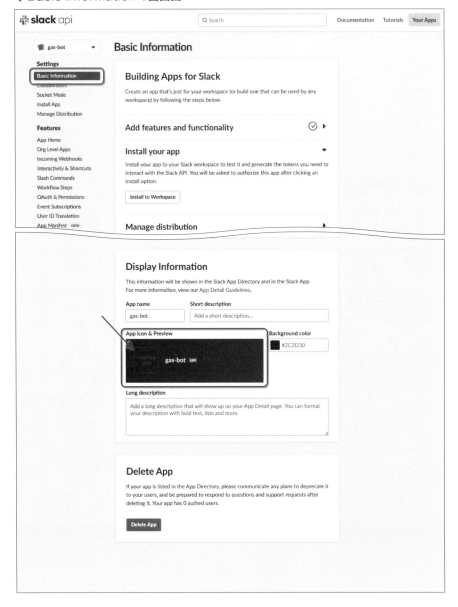

7 アプリをワークスペースにインストールする

アプリ作成のさいごの設定です。まず、「Basic Information」画面の「Install to Workspace」をクリックしてください。

● Basic Informationの画面

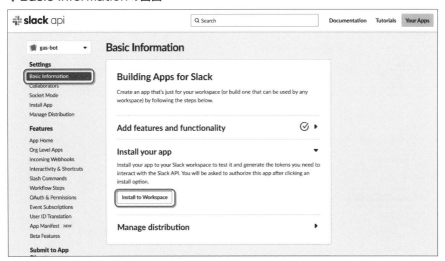

そうすると、確認の画面に移動するので「許可する」をクリックしてください。

● 許可の画面

8 OAuth Tokenを取得

インストールが完了すると「OAuth & Permissions」画面に「Bot User OAuth Token」が表示されます。これがお目当ての「OAuth Token」ですので、メモしておきましょう。

● OAuth Tokenが表示

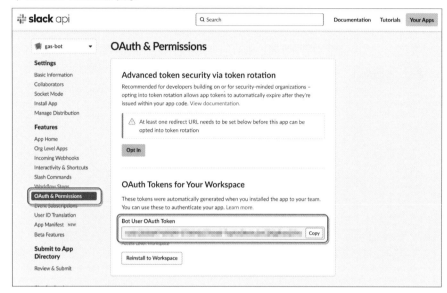

「スクリプト プロパティ」にOAuth Tokenを設定する

ChatGPTのときと同じく、「プロジェクトの設定」に移動して、画面下部の「スクリプト プロパティを追加」から取得したOAuth Tokenの設定をします。

● プロジェクトの画面

「プロパティ」にはOAuth Tokenを取り出すときの任意のキーワードを、「値」にはOAuth Tokenを入力して保存してください。

● プロジェクトの設定画面

アプリをチャンネルに追加する

これはSlack特有の仕様ですが、チャンネルにメッセージを投稿するにはアプリがそのチャンネルに参加している必要があります。そのため、メッセージを投稿したいチャンネルにアプリを追加しておきましょう。画面左上のチャンネル名をクリックして「インテグレーション>アプリを追加する」から追加をします。

● チャンネル詳細の画面

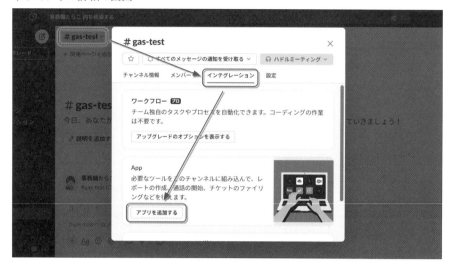

OAuth Tokenを取得するために作成したアプリを「追加」してください。

● アプリ追加の画面

チャンネルにメッセージを投稿する

では、これで準備ができたので、スクリプトを作成していきましょう。基本のスク

リプトは下記のとおりです。前回と同じく、状況に応じて変更する必要がある箇所を青字にしています。

　また、ぜひここで、ChatGPTにリクエストを送信するスクリプトと見比べてみてください。大枠の流れが同じであること、特に後半のコードはほとんど同じであることが見えてきます。

● サンプルコード

```
function sendSlack() {

  //OAuth Tokenを取得
  const token = PropertiesService.getScriptProperties().getProperty
("token");

  //APIのエンドポイントを宣言
  const apiUrl = "https://slack.com/api/chat.postMessage";

  //投稿メッセージを宣言
  const text = "こんにちは！Google Apps Scriptからのテスト投稿です。";

  //投稿するチャンネルIDを宣言
  const channelId = "★ここにチャンネルIDを記載★";

  //payloadを準備する
  const requestBody = {
    channel:channelId,
    text:text
  };

  const payload = JSON.stringify(requestBody); //requestBodyをJSON形
式の文字列に変換

  // オプションを準備する
  const options = {
```

```
    method: "POST",
    muteHttpExceptions:true,
    headers: {
      "Content-Type":"application/json",
      "Authorization": "Bearer " + token,
    },
    payload: payload
  };

  //リクエストを送信
  const response = UrlFetchApp.fetch(apiUrl, options);
  Logger.log(response);


}
```

　ためしにスクリプトを実行すると、指定したチャンネルにメッセージが投稿され
ます。

● チャンネルの画面

　では、上から順に、それぞれのコードの意味を確認していきましょう。

OAuth Tokenを取得

まずは、「スクリプト プロパティ」に設定しているOAuth Tokenを取得しています。

```
const token = PropertiesService.getScriptProperties().getPropert
y("token");
```

APIのエンドポイントを宣言

つぎに、最終的にリクエストを送信するURLを宣言しています。これが何の処理をするかの指定になっていて、「Class.Method(Parameter)」の「Method」と同じような役割を担うのでしたね。チャンネルにメッセージを投稿するためのURLをここで宣言しています。

```
const apiUrl = "https://slack.com/api/chat.postMessage";
```

投稿するメッセージを宣言

チャンネルに投稿するメッセージを宣言しています。ここは自由に変更することができるので、ぜひ色々なメッセージを指定して、ためしてみてください。

```
const text = "こんにちは！Google Apps Scriptからのテスト投稿です。";
```

投稿するチャンネルIDを宣言

ここで投稿するチャンネルの宣言をしています。チャンネルはIDで指定するのが決まりです。

```
const channelId = "★ここにチャンネルIDを記載★";
```

チャンネルIDはSlack画面から取得することができるので、投稿したいチャンネルのIDを取得して、指定をしてください。画面左上のチャンネル名をクリックして、「チャンネル情報」のページ最下部からチャンネルIDを確認できます。

● チャンネル情報の画面

payloadを準備する

payloadとはリクエストのデータ本文のことで、これは「Class. Method(Parameter)」の「Parameter」と同じような役割を担っているのでしたね。

チャンネルへのメッセージ投稿には、テキストとチャンネルIDが必要なため、詳細指定となるこれらの情報をまとめています。

```
const requestBody = {
  channel:channelId,
  text:text
};

const payload = JSON.stringify(requestBody); //requestBodyをJSON
形式の文字列に変換
```

テキストとチャンネルID以外の項目も、任意で指定することが可能です。どのような項目が用意されているのかは、ドキュメントページの「Optional arguments」で確認することができます。

● Slack APIドキュメント「chat.postMessage」
https://api.slack.com/methods/chat.postMessage

オプションを準備する

　ここで、「apiKey」と「payload」も含めた、リクエストに必要な各種情報をまとめています。エンドポイントとなるURLに、この情報を一緒に渡してリクエストを送るというのが決まりになっているので、そのルールに則って必要事項を宣言しています。

```
const options = {
  method: "POST",
  muteHttpExceptions:true,
  headers: {
    "Content-Type":"application/json",
    "Authorization": "Bearer " + token,
  },
  payload: payload
};
```

　Web APIの種類によって、ここで指定すべき項目は異なることもありますが、今回はChatGPTのときとまったく同じコードです。

リクエストを送信

　さいごに、エンドポイントとなるURLにオプションを添えてリクエストを送信しています。

```
const response = UrlFetchApp.fetch(apiUrl, options);
Logger.log(response);
```

　スクリプトを実行すると、指定したチャンネルにメッセージが投稿されます。

● チャンネルの画面

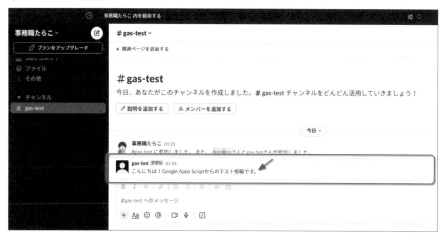

　また、変数「response」の中には、リクエストを送信した結果のレスポンスデータが格納されます。**ここにはリクエストが成功したのか、それともエラーになったのかのデータも入っています。**

　リクエストが成功した場合は「"ok":true」が返ってきます。

● レスポンスデータを確認（成功した場合）

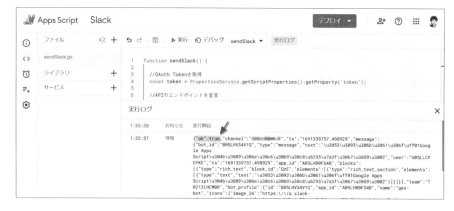

　リクエストに失敗した場合は「"ok":false」となり、「error」の値にエラー要因が記載されます。「"error":"not_in_channel"」はアプリがチャンネルに追加され

ておらず処理ができないことを意味しています。

● レスポンスデータを確認（失敗した場合）

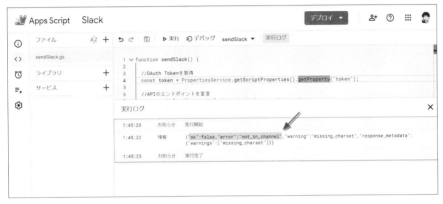

　レスポンスデータで処理が上手くいっていないときの要因を確認することができるので、ログを残すようにしておくのがおすすめです。

　Slack APIではチャンネル投稿以外のさまざまな操作が可能です。「こんなことはできないかな?」と思ったらぜひ調べて挑戦してみましょう。公式のドキュメントで、用意されているすべてのMethodを確認することができるので、参考にしてください。

● Slack APIドキュメント
https://api.slack.com/methods

ステップアップ Point

　ChatGPTとSlack APIの例題を通して、Web APIの基本的な使い方を学んできました。ステップアップでは、さらにこのAPIを便利に活用するメソッドを紹介します。

✚ライブラリ

ライブラリという機能を使うと、別プロジェクトの関数を簡単に呼び出すことが可能になり、いろいろなプロジェクトで何度も同じようなコードを書く必要がなくなります。

● イメージ図

特にChatGPTやSlackなど、よく使うWeb APIの処理をライブラリにしておくと、開発効率がぐっと上がるのでおすすめです。また、変更が発生したときはライブラリのもとになっているスクリプトを修正すればよいので、管理すべきスクリプトをひとまとめにできるというのも大きな利点です。

ライブラリを作成する

では、ライブラリを作成するための手順を解説していきます。まずは、先ほど作成したSlackメッセージ投稿のプロジェクトをそのままライブラリにしてみましょう。

プロジェクトの権限設定をする

ライブラリを利用できるのは、ライブラリとなるプロジェクトの閲覧以上の権限を持っているユーザーのみで、アクセス権がないユーザーは利用することができません。そのため、まずは想定する利用者に権限付与をしておきましょう。

Container-bound型のプロジェクトを利用している場合は、コンテナとなっているスプレッドシートなどのファイルに権限が付与されていれば、紐づくプロジェクトも権限付与されている状態になるため、追加の設定は不要です。一方で、

Standalone型を利用している場合は、ライブラリとなるプロジェクト自体に権限設定をする必要があります。

　その場合は、画面右上の「&+」から権限設定をしてください。

● プロジェクトの画面（Standalone型）

デプロイをする
　では、まずはプロジェクトをライブラリとして共有するための「デプロイ」をしていきます。

1 画面右上の「デプロイ＞新しいデプロイ」をクリック

● プロジェクトの画面

2 「種類の設定＞ライブラリ」をクリック

● デプロイの画面

3 「デプロイ」をクリック

● デプロイの画面

これで、ライブラリを他のプロジェクトから呼び出せる状態になります。

スクリプトIDを取得する

　別のプロジェクトからライブラリを使うためには、そのライブラリの「スクリプトID」が必要です。プロジェクトURLから取得しておきましょう。

```
https://script.google.com/home/projects/{スクリプトID}/edit
```

　例えば、下記URLの場合は青字部分がIDに該当します。

```
https://script.google.com/home/projects/1AP0deoMnHO3ups7PaJyfHrYL
xsIyjUHUKWoeH76WT8ZMFax8R6qhEdWX/edit
```

　これでライブラリの準備は完了です。

ライブラリを利用する

　準備ができたら、別のプロジェクトからライブラリを使ってみましょう。

ライブラリを追加する

　ライブラリを利用したいプロジェクトの「ライブラリを追加」から追加設定をすると、利用可能になります。まず「+」から設定画面を開き、先ほど取得したスクリプトIDを入力して「検索」をクリックします。

● エディタの画面

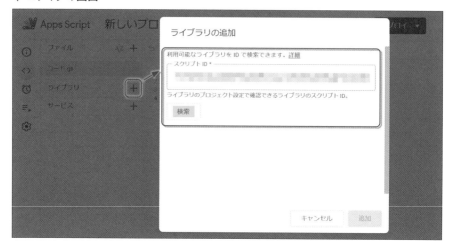

　「バージョン」は数字が大きいものが、新しいバージョンです。任意のバージョンを選んで「追加」をクリックします。

● エディタの画面

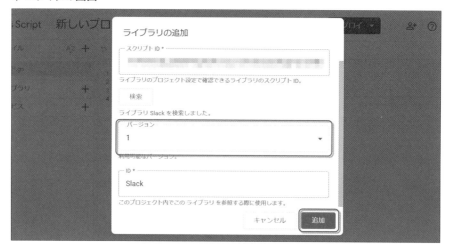

追加が完了すると、画面左側にライブラリのプロジェクト名が表示されます。

● エディタの画面

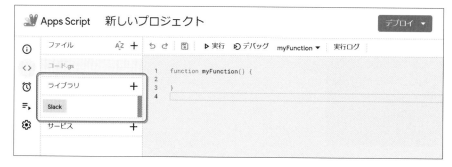

ライブラリの関数を利用する

　ライブラリを使うときも「Class.Method(Parameter)」の基本文型は同じです。
プロジェクト名が「Class」に、関数名が「Method」になります。

● ライブラリの画面

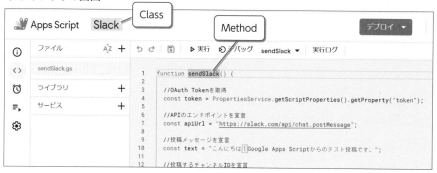

　今回の場合は、下記のコードでSlack投稿の関数を呼び出すことができます。

```
function myFunction() {

  //Slackに投稿する
  Slack.sendSlack();

}
```

スクリプトを実行すると、Slackにメッセージが投稿されます。

● チャンネルの画面

とても簡単ですね。たった1行のコードで40行近くあったコードを再利用できるようになりました。ただ、このままだと投稿されるチャンネルとメッセージは固定で、状況に応じて変更することができません。必要事項は「ライブラリを利用する側」で指定ができるように、ライブラリをアップデートしましょう。

ライブラリをアップデートする（引数の設定）

「ライブラリを利用する側」で指定してもらいたい項目は、関数の引数に設定します。例えば次図のようにするだけで「channelId」「text」を指定することができるようになります。

引数として入力した変数名は関数内で使えるようになるため「channelId」「text」をそれぞれ17, 18行目で指定をすると、引数に渡したデータが反映されるようになります。また、これに伴い9～13行目は不要になるためコードごと削除しておきましょう。

● ライブラリの画面

アップデートしたスクリプトは下記の通りです。

```
function sendSlack(channelId,text) {

  //OAuth Tokenを取得
  const token = PropertiesService.getScriptProperties().getProperty("token");

  //APIのエンドポイントを宣言
  const apiUrl = "https://slack.com/api/chat.postMessage";
```

```
//payloadを準備する
const requestBody = {
  channel:channelId,
  text:text
};

const payload = JSON.stringify(requestBody); //requestBodyを
JSON形式の文字列に変換

// オプションを準備する
const options = {
  method: "POST",
  muteHttpExceptions:true,
  headers: {
    "Content-Type":"application/json",
    "Authorization": "Bearer " + token,
  },
  payload: payload
};

//リクエストを送信
const response = UrlFetchApp.fetch(apiUrl, options);
Logger.log(response);

}
```

　また、ライブラリ内のコードを変更したとき、変更を保存するだけでは反映されません。再度デプロイをすることで、利用者がアップデートされたものを使うことができるようになります。はじめと同じ手順で、新しいデプロイを作成してください。

● ライブラリの画面

デプロイが完了すると、画面上部にバージョンが表示されるので、これを覚えておきましょう。次の手順で使います。

● デプロイの画面

アップデートしたライブラリの関数を使う

ライブラリを利用する側でも、アップデート（バージョン変更）の設定が必要です。勝手にアップデートが反映されることはないので、新しいものを利用したいときは、その設定をする必要があります。

ライブラリ名をクリックすると、設定画面が出てくるので、ここで利用したいバージョン（先ほどのデプロイ作成時の最後に表示されたバージョン）を選択して保存しましょう。これでアップデートの反映は完了です。

● エディタの画面

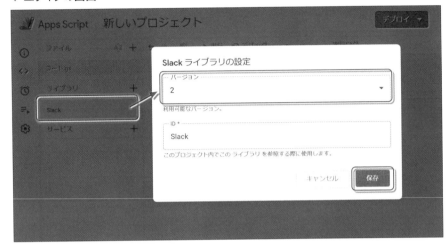

　では、関数myFunctionのコードも修正しましょう。コードを入力すると、Parameterに「channelId」「text」を指定できるようになっていることがわかります。

● エディタの画面

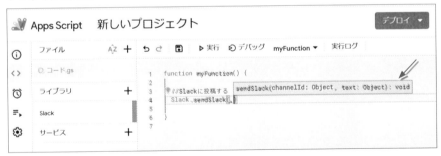

　下記のコードを入力して、別のメッセージを投稿してみましょう。

```
function myFunction() {

    //Slackに投稿する
```

```
    Slack.sendSlack("★ここにチャンネルIDを記載★","ライブラリをアップ
デートしました！");

}
```

実行すると、指定の内容で投稿されます。

● チャンネルの画面

このように、プロジェクトをライブラリにすると、とても簡単にスクリプトを再利用することが可能です。「このコード、何回も書いているな…」というときはライブラリにすることを検討しましょう。

ミスなく安心安全に自動化するために

初心者でも、ミスなく開発するにはどうすればいい?

悩みポイント

　スクリプトが完成しても「このコードは正しく書けているだろうか」「どこかに間違いがあって、業務ミスにつながるようなことがないだろうか」と不安に思うことがあると思います。これは初心者にかかわらず、誰もがかかえるリスクです。手動で作業をする場合に作業ミスをするリスクがあるのと同じように、開発ミスをしてしまう可能性があります。はじめからミスがないように対応するということはもちろん大切ですが、人間ですからヒューマンエラーが発生する可能性は少なからずあります。

　だからこそ、「自分のコードには間違いがあるかもしれない」と自分自身を過信せずに、結果の確からしさを確認していくことが非常に重要です。また、どんなにしっかりと確認をしても、潜在的なバグが残っている可能性があります。その可能性にも目をそむけずにしっかりと認識をして、万一の場合にも備えて、少しでも早くミスに気づけるようにセーフティーネットを準備しておくことも重要です。

これで解決

　ここでは、品質を守って安心安全に自動化をすすめるためのポイントを紹介します。

╋「結果の確認」を怠らない

　本書のあらゆるところで触れてきましたが、開発中の都度のログ確認はとても重要です。それぞれのコードで、意図した結果を取得できているのか確認することで、「気づかないうちに、どこかで処理がくるってしまった」という状況に陥ることを回避できます。

● イメージ

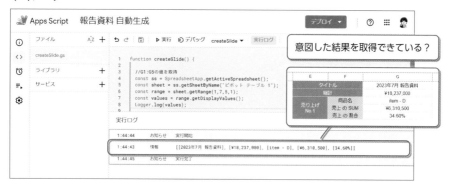

これは、他の人のコードを参考にするときも同じです。ChatGPTやネット記事を参考に「こう書けばよいと書いてあったから」と、ただコピペするだけで結果の確認を怠ってしまうと、「そのときの状況では指示を○○○に変更する必要があった」というようなポイントに気づくことができません。そのコードで自分が意図した結果を取得できているのか、その確からしさを適宜確認するようにしましょう。

また、ログ確認だけではなく、各アプリやサービスに反映される操作が意図通りになっているかの確認も必ず実施しましょう。メールを一括作成しているスクリプトであれば、対象リストに対して漏れなく作成できているか、宛先・件名・本文など各項目の整合性は取れているかなど、きっちりと本来実施したかった処理ができているか確認しましょう。

● イメージ：件数で、確からしさを確認

● イメージ：内容の、確からしさを確認

🔹「テスト稼働期間」を設定する

　開発時にしっかりと確認していれば、ミスすることがないとは限りません。開発時には見つけられなかった潜在的なバグが、運用してから見つかるケースもしばしばあります。

　例えば、処理対象とするデータが変わることで、開発時に想定していないデータが発生して、そのままでは結果が意図通りにならないケースがあることが判明したり、日付が変わることによって、土日祝は稼働しないようにif文で分岐したつもりが上手くできていないことが発覚するといったこともあるでしょう。

　この可能性を考慮して、バグがないかを確認する「テスト稼働期間」を設けるのも有効な手段です。例えば、2週間～1か月ほどの間は、手動作業した場合のアウトプットと比較して相違がないことを確認したり、自分以外の社員（ユーザー）に使ってもらうようなツールの場合は、「テストリリース」としてバグがある可能性を伝えた上で、使いながら問題ないことを確認してもらう期間を設けるというような進め方です。

　「想定しきれていない」という可能性があるからこそ、実際の運用のもとで確認をすることも非常に重要なポイントです。開発段階では捉えきれない問題を、このテスト稼働期間でしっかりと確認することで、品質を確保することができます。

♣「エラー」は素早くキャッチして、フォローをする

エラーの発生は素早くキャッチして、リカバリー対応できるようにしておきましょう。早い段階でエラーに気づいて修正することができれば、それが重大なエラーでも業務ミスになることを回避できる確率が上がります。

自分が任意のタイミングでスクリプトを実行するのであれば、実行時にエラーに気づくことができますが、トリガー経由での実行の場合はエラー通知に早い段階で気づく必要があります。

● 参考：エラー通知メール

そのため、トリガー設定をする場合は「エラー通知設定」を「今すぐ通知を受け取る」に設定しましょう。

● トリガー設定画面

　そして、このエラー通知に早めに気づけるように、メールボックスを整理した
り、メールをあまり見ない場合はチャットツールなどに転送するように設定をする
など工夫をしましょう。**エラーを放置してしまい、本来必ず実施されるべき処理が
されなかったりしてしまうと、業務ミスになってしまうことがあるのでこの点も注
意しましょう。**

ステップアップ Point

　ここまでは、開発〜運用の短期間に焦点をあててポイントを
お伝えしてきましたが、業務に欠かせないスクリプトを開発し
た場合、それは長い期間業務を支える大切なツールになるかもしれません。その
未来を見据えたときに、大切になるポイントをお伝えします。

負の遺産になることを回避する

　開発してからすぐの間、記憶が新しいうちは書いたコードを覚えていて、改修
が発生しても難なくできることが多いでしょう。
　しかし、時間が経つと記憶が遠くなり、どんなコードを書いたかを忘れてしまう

ことも出てきます。そうなったときに過去に自分が書いたコードがぐちゃぐちゃで、いったいどこで何をしているのか読み解けずに、改修できないとなってしまうと困ってしまいます。特に、GASでいったい何をしているのか、その詳細を誰も把握することができないようなブラックボックスになってしまうことは何よりも避けなければいけません。

　そのため、何をしているのか、何のための処理なのか適宜コメントを入れておいたり、関数名・変数名にはその中身（処理）がパッとわかるような名前をつけるなど、いつだれが見ても内容を理解できるように工夫することが大切です。「わかりやすいコード」というと少しハードルが高いように感じるかもしれませんが、文章を書くときと同じように「どんな言葉を使って、どんな構造で書いたら他の人にも伝わるかな？」と考えてみると、自分なりの「わかりやすさ」がつかめてきます。

　はじめのうちは、動くコードを書くのに精一杯で「そこまで気をつかっていられない…」と思うこともあると思います。特にコメントを考えるのは少しめんどくさいなと感じるかもしれません。これを理由にGASをあきらめることになってしまえば本末転倒なので、自分に無理がない範囲でよいですが、コードを書いているときや書き終わったあとに「このコード、あとで見たときに理解できるかな？」と一度考えてみてください。未来の自分を助けるつもりで、わかりやすいコードにするという意識も、心のどこかに持っておきましょう。

組織にとって価値ある資産にするために

「せっかく開発したのに、使ってもらえない」を回避するには、どうすればいい?

悩みポイント

　GASを使えるようになると、個人の業務だけではなく、チームや部署全体にかかわる業務改善に挑戦する機会も出てくるでしょう。開発したものを社員（ユーザー）に使ってもらいたいときに、「業務改善につながるツールなのに、なかなか使ってもらえない」というケースは少なくありません。使えば便利なはずなのに、活用が思うように進まないという状況に陥ることはめずらしいことではないのです。

これで解決

　ここでは、そういった状況を回避するために、おさえておくべきポイントを紹介します。

✚「感情」を理解した設計に

　新しいツールを使いはじめるのは、どうしても腰が重くなるものです。説明書を読んで、使い方を理解する必要があるような場合は「めんどくさいな」という印象を与えるほか、その時間を確保する必要があるので後回しにされがちです。だからこそ、「新しいツールは大変に感じるもの」という前提をもとに、その感情に寄り添ってシンプルに、直感的に利用ができるツールになるように工夫することが大切です。

　例えば、ユーザーにスクリプト実行をしてもらいたいとき、エディタからの実行を案内するのではなく、ボタンやメニューから実行できるようにするというのも、そのひとつです。慣れていない画面の操作はどうしても億劫に感じるものなので、

いつも使っている画面を利用するのはとてもよい手段になります。

● 参考：ボタンから実行

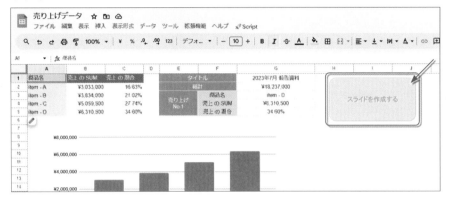

● 参考：メニューから実行

　また、ユーザーに必要事項を伝える説明文も、「読まないと理解できない」ものではなくて「パッと見てわかる」ような簡潔な文章・デザインにすることが、非常に大切です。次図では、beforeではまとめて文章で説明しているものを、afterではそれぞれに対応した場所に短いコメントを入れています。「読まないとすすめられない」ではなくて「見ながらすすめられる」デザインにアップデートした例です。（次図はダウンロード特典の実践-8で使うスプレッドシートのイメージです）

● before：しっかり読まないと理解できない

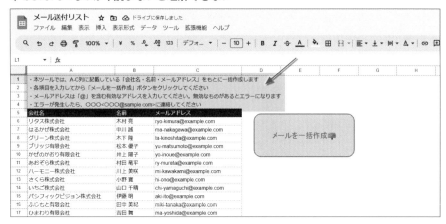

● after：パッと見て、直感で使える

　また、Slackなどのチャットツールがメインのコミュニケーション場所になっている場合は、そこで直接機能を使えるようにすることもおすすめです。いつものツールの延長線上に置くことで、使うハードルがぐっと下がります。

　例えば、Slackの場合は「ワークフロービルダー」を使うと、画面上で入力できる任意のフォームを簡単に作成することができます。これを活用すると、使い慣れた画面から、いつもの延長で、スクリプト実行に必要な情報をユーザーから受け取ることができます。

● Slackワークフローのフォーム画面

　「ワークフロービルダー」はスプレッドシートと連携することができ、フォームの回答をスプレッドシートに記載することが可能です。「スプレッドシートを変更」のイベントトリガーと組み合わせると、「Slackフォーム回答→スプレッドシート更新→トリガーでスクリプト実行」という流れで、Slack上からスクリプトを動かすことができるため、簡単にユーザーにとってなじみのある画面からツールを使ってもらうことができます。（下図はダウンロード特典の実践-9をSlackワークフローと組み合わせた場合のイメージです）

● イメージ

　説明をがんばって読まないと使えないような「むずかしさ」を感じさせてしまうとユーザーは離れていってしまいます。少しでもシンプルに少ない操作で使ってもらうにはどうしたらよいか、というのを常に考えてツールをつくることが大切です。とはいっても、はじめから難易度の高いことを無理して実現する必要はありません。自分にできる範囲のことから工夫をして、ツールが活躍する土台を準備してあげましょう。

✥ 「ストレス」をかけない設計に

せっかくユーザーがツールを使ってくれても「エラーが発生して、うまく処理がされない」となると、使いものにならないと思われてしまいます。

ですが、**エラーが出るのはある程度仕方がないことです**。もちろん発生しないように、すべてのケースを想定したスクリプトを作れることに越したことはありませんが、（特にはじめのうちは）どこでエラーが出るのか想定しきれない箇所もあるので、なかなか現実的ではありません。

そのため、**重要なのは、「エラーが発生したときの導線」を整えておくことです**。例えば、エラーが発生したときにどう対処すればよいかを示すポップアップ画面を表示する、というのも工夫のひとつです。

● イメージ

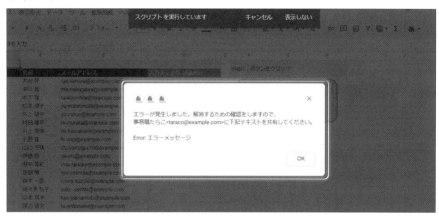

また、メールやチャットツールにエラー通知をして、開発者がすぐにフォローに入れるようにすることも大切です。ユーザーが「よし、使うぞ!」という気持ちになっているときに、素早くフォローに入ることができれば、エラーで作業が滞ってしまうことによるストレスは軽減されます。エラーが発生した場合の処理は、「try...catch文」で決めることができるので、使い方をステップアップPointで紹介します。

また、エラーが続くと「もう勘弁して…」という気持ちにさせてしまうので、エ

ラーになることを事前に検知できる場合はあらかじめ警告を表示することも大切です。例えば、メール送信する際のアドレスが有効なものであるかどうかのチェック結果をスプレッドシート関数などで表示しておくと、実行前に修正箇所に気づくことができます。（この場合はユーザーが使い慣れているスプレッドシートの操作になるというのもメリットです）

● イメージ

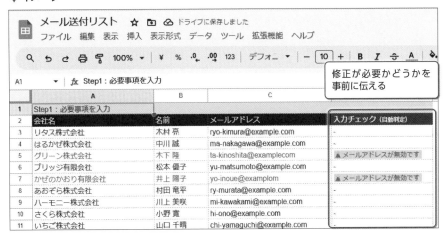

処理が上手くいかなかった場合に、なるべくユーザーを迷わせることがないように導線を準備しておくと、それが理由で使われなくなることを防ぐことができるので、こういった点も考慮するようにしていきましょう。

✚「アップデート」することを前提に

ツールがはじめから完璧な状態であるというのはとても稀なことです。もちろん、そうなるように設計して開発を進めることは重要ですが、実際に完成して導入して見えてくる課題や、「これができるなら、こんなこともできたら嬉しい」と追加で出てくる要望はたくさんあります。

このことに気づいていなかったり、目をそむけてしまうと、改善すれば長く活躍するツールになる可能性があったものも、「開発したけど使われなかったな」で終わってしまうことがあります。

ツールの完成を「おわり」と捉えるのではなく、「はじまり」だと思って、使っている人の声を聞いたり、上手く活用できているか様子を観察して、改修を重ねてより業務にフィットするものにアップデートしていくことが大切です。よりよいツールに育てる意識を持っていきましょう。

ステップアップPoint

　エラーが発生した場合の導線を準備するために、エラー時の処理を決めることができる「try...catch文」の使い方を学びましょう。

● 構文

```
try {

    //実行する処理

} catch (e) {

    //エラーが発生した場合の処理

}
```

　とてもシンプルな構造で、「try」に通常実行したい処理を記述して、「catch」にエラーが発生した場合の処理を記述します。こうすると、tryの処理中にエラーが発生すると、catchに記述した処理が実行されます。また、「catch(e)」とすることで、変数「e」の中にエラーメッセージが格納されます。ここの変数名は「e」以外にすることも可能ですが「error」の頭文字の「e」とすることが多いです。

　例えば、エラーが発生したときに、スプレッドシートにポップアップ画面を表示する場合のコードは次のようになります。(tryの中には通常実行したい処理は自由に記載してください)

```
try {

  //実行する処理


} catch(e) { //エラーが発生した場合の処理

  //UIを取得
  const ui = SpreadsheetApp.getUi();

  //メッセージを生成
  const message =
`エラーが発生しました。解消するための確認をしますので、
事務職たらこ<taraco@example.com>に下記テキストを共有してください。

${e}`;

  //ボタンを宣言
  const button = ui.ButtonSet.OK;

  //ポップアップを表示
  ui.alert("🔔🔔🔔",message,button);

}
```

　では試しに、エラーが発生した場合の挙動を確認してみましょう。下記のコードで、意図的にエラーを発生させることができるので、このコードをtryに記述をして確認しましょう。括弧内のエラーメッセージは自由に変更可能です。

```
throw new Error("エラーメッセージ");
```

　上記を追記して、スプレッドシートのボタンクリックでスクリプトを実行すると、次図のポップアップが表示されます。エラーが発生したときに、catchに記述した

処理がされていること、変数「e」にエラーメッセージが格納されていることがわかります。

● スプレッドシートの画面

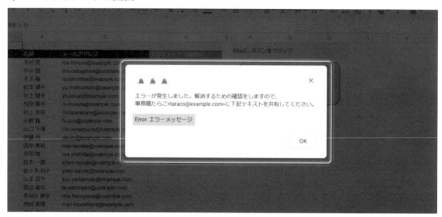

● 参考：スクリプトの画面

「try...catch文」でエラー時の処理をすることができること、「throw new Error()」で意図的にエラーを発生させることで「catch」の処理が意図通り実行されるかどうかの確認ができる、というポイントをおさえておきましょう。

　さいごに、2点だけ注意があります。まず1つめは、「try」でエラーが発生した場合、スクリプトのステータスは「完了」になるという点です。通常はエラーが発生すると処理が中断され、実行ログにエラーが表示されるか、トリガー経由でエラー通知が送信されますが、「try...catch文」を使っているとこの通知はされません。

● 「try」の処理でエラーが発生しても、実行は「完了」ステータスに

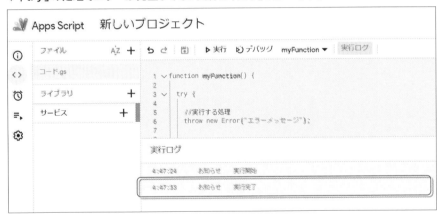

　この状況を回避するために「try...catch文」を使っているので、あたりまえのことではありますが、「catch」でエラーに気づけるように、適切に処理を記述しておかないと、エラーが発生していてもなかなか気づくことができなくなってしまいます。「catch」の処理を考える際は、適切にエラーの発生に気づくためにはどうすべきか、という点も考慮するようにしましょう。

　2つめは、「try...catch文」を追記するタイミングについてです。「try」で実行したい処理をつくっている段階で、「try...catch文」で囲ってしまうと、上記の通りでエラーがでなくなるため、開発途中に発生したエラーの修正がしづらくなってし

まいます。そのため、本体となるコードが完成し、エラーが発生しなくなる状態になったら一番最後に「try...catch文」をつけることをおすすめします。

● 「try...catch文」は最後につける

よくあるエラーと解消方法

エラーが発生したら、どう解消していけばいい？

悩みポイント

開発にエラーはつきものです。はじめから、エラーを出さずに完璧なコードを書けることはなかなかありません。「エラーが出てくるけど、なにが悪いのか全然わからない」「コードを上から見返しても、修正すべき箇所がわからない」「エラーを解消できずに、スクリプトを完成させられないかも…」と悩むことはよくあります。

ですが、エラーメッセージは実はとても親切で、どの部分がどのように間違っているのかを教えてくれています。エラーメッセージをしっかり読む力を身に付ければ、エラーは怖いものではなくなります。

ここでは、みなさんが開発しているときにエラーが出てもそれを解消できるように、よくあるエラーとその解消方法を紹介します。紹介する例の具体的な解消方法の習得はもちろんですが、ここで少しでもエラーメッセージに慣れて、それを読み解く力も身につけていきましょう。

メモ

ChatGPTにエラーメッセージを共有し、解消方法をたずねることで解決できるケースも多くありますが、見当違いな回答が返ってくることもあります。そういったときに、自分でエラーメッセージを読んで解消する方法を知らないと、ChatGPTの回答を鵜呑みにして、なにも解決しないどころかスクリプトがこんがらがってしまって余計に状況が悪化するような状況に陥ってしまう可能性があります。ChatGPTのアドバイスも参考にしつつ、自分の力でも解消していけるように、ベースとなる知識をインプットしておきましょう。

これで解決

　まずは、エラーメッセージの基本的な構造を理解しましょう。エラーには「スクリプトを保存できずにエラーになるもの」と「スクリプトの実行中に、エラーが発生するもの」の2種類がありますが、どちらも表示されているメッセージの構造は同じです。

● 例：スクリプトを保存できずにエラーが発生

● 例：スクリプトの実行中にエラーが発生

エラーメッセージの1行目には、具体的にどのようなエラーが出ているのか、エラーの内容が記載されています。

● エラー画面

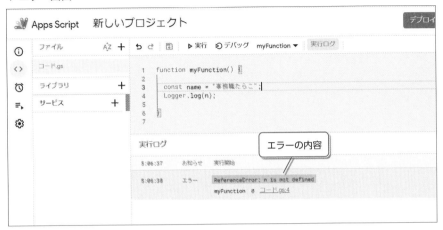

　2行目には、そのエラーがどこで発生しているかが記載されています。

● エラー画面

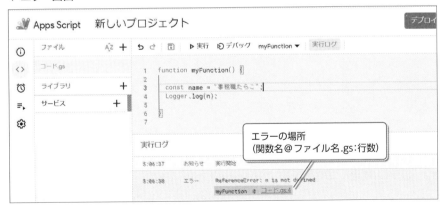

　2行目の「ファイル名.gs：行数」の部分にはリンクがついていて、クリックすると該当箇所にカーソルがジャンプします。リンククリックでエラー箇所を簡単に確認できるので、活用しましょう。

まとめると、エラーメッセージには「どこで、どんなエラーが発生しているのか」が書かれています。まずはしっかりとエラーメッセージを読んでみて、いったい何が問題なのか、考える癖をつけていきましょう。ただ、はじめのうちは、エラーメッセージを読んで翻訳してみても、いったい何を意味しているのかさっぱりわからないということも多く出てきます。そういったときは、エラーメッセージで検索をしてみましょう。同じエラーで悩んでいる人のQ&Aなどが出てくるので、解決の糸口をつかむことができます。

● イメージ

 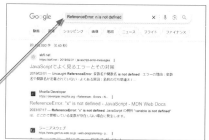

　もちろん、ウェブ検索以外にもChatGPTに質問をしてみることも有効な手段のひとつです。(ただ前述のとおり、正しくない回答の可能性があることは念頭においておきましょう)

解説

　ではここから、よくあるエラーとその解消方法を紹介していきます。

文法に間違いがある

● エラーメッセージ

```
構文エラー: SyntaxError: Identifier '○○○' has already been dec
lared
```

```
構文エラー : SyntaxError: Invalid or unexpected token
構文エラー : SyntaxError: Unexpected token
```

概要

　このエラーは主にスクリプトを保存するときに発生します。「構文エラー」というのは文法のエラーのことで、**スクリプトを実行するまでもなく明らかに間違っているようなケース**です。本書でもいくつかの文法を紹介してきました。

- ・「const」で宣言した変数は、スコープ内で同じ名前を付けることはできない
- ・「変数名」「関数名」の先頭に数字をつけることはできない
- ・if文は「if（条件式）{ ... }」と記述するのがルール（記号が欠けてはいけない）

　これらのGAS全体に共通するルールから外れているときに発生するのが、「構文エラー : SyntaxError～」です。

具体例と解消方法

　まずは、「const」で宣言した変数に、同じ名前を付けてしまっているケースです。その場合は、下記のエラーが発生します。

● エラーメッセージ

```
構文エラー : SyntaxError: Identifier '○○○' has already been dec
lared
    >> 和訳：「○○○」という変数はすでに宣言されています
```

　この場合は、変数名がユニークになるように修正しましょう。

● イメージ

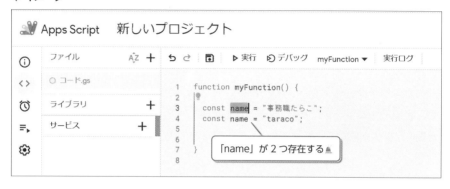

　次に、**変数名・関数名の命名ルールから外れてしまっている**ケースです。この場合は、下記などのエラーが発生します。

● エラーメッセージ

構文エラー：SyntaxError: Invalid or unexpected token
　>> 和訳：無効、もしくは想定外のトークン（が存在します）
構文エラー：SyntaxError: Unexpected token 'null'
　>> 和訳：想定外のトークン「null」（が存在します）

　この場合は、変数名や関数名に赤色の波線が引かれます。この状態になったら「変数名・関数名で、ルールから外れてしまっている名前をつけているんだ」と認識して、修正するようにしてください。

● イメージ

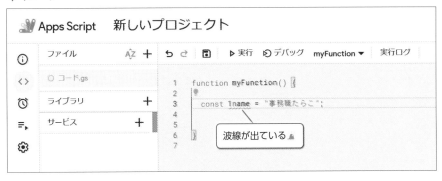

変数名・関数名のルールは下記の通りです。

・使える記号は「アンダーバー(_)」と「ドル($)」のみ
・先頭に数字は付けられない(例：1createEmail)
・途中に空白は含められない(例：create Email)
・特別な意味を持つ単語(予約語)は使えない(例：function,null)

さいごに紹介するのは、**記号の過不足があるケース**です。if文の「if(条件式){…}」と記述すべきところの記号が欠けてしまっているような場合です。この場合は下記などのエラーが発生します。

● エラーメッセージ

```
構文エラー：SyntaxError：Unexpected token
 ›› 和訳：想定外のトークン(が存在します)
```

この場合は、エラーが発生している周辺で記号の過不足がないかを確認しましょう。記号の過不足の場合は、修正すべき箇所がエラーに記載されている行以外であることもしばしばあります。そのため、該当の行だけではなく周辺の記述に間違いがないかを確認するようにしてください。

● イメージ

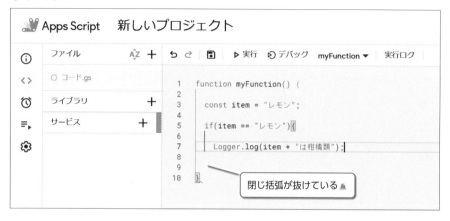

● Apps Script　新しいプロジェクト

```
function myFunction() {

  const item = "レモン";

  if(item == "レモン"){

    Logger.log(item + "は柑橘類");
  }

}
```

閉じ括弧が抜けている ⚠

✚nullやundefinedに対してプロパティを読み込めない

● エラーメッセージ

```
TypeError: Cannot read properties of null
TypeError: Cannot read properties of undefined
```

概要

　このエラーは「null」や「undefined」など値が存在しない状態ものに対して、メソッド（Method）を使ったり、プロパティを取得しようとするときに発生します。

具体例と解消方法

　よくある例を紹介します。スプレッドシートのシートを取得するコードで「実在しないシート」を指定してしまったケースです。

```
//スプレッドシートを取得
const ss = SpreadsheetApp.getActiveSpreadsheet();

//シートを取得
const sheet = ss.getSheetByName("Sheet1");
```

```
//セル範囲を取得
const range = sheet.getRange(1,1);
```

　上記は、スプレッドシート内の「Sheet1」の「A1」のセル範囲を取得するコードです。ですが、実際にはスプレッドシートには「Sheet1」というシートが存在しなかったとします。

● スプレッドシートの画面

　この状態で実行すると、下記のエラーが発生します。

● エラーメッセージ

```
TypeError: Cannot read properties of null (reading 'getRange')
  >> 和訳：「null」に対して「getRange」を読み込めません
```

　「getRange」はSheetクラスに対して使えるMethodですが、変数「sheet」の中身が「null」になっているため「このMethodを読み込めないよ」というエラーが出ている状態です。

● 実際のエラー画面

つまり、この場合のエラー要因は、sheetの中身がnullになっていることです。Sheetクラスが入っているはずのところ、意図通りのデータが入っていない状態です。そのため、確認すべきなのは「sheet」のデータを取得している7行目です。「データの中身がnullですよ」と言われている部分のコードを見直し、意図したデータを正しく取得できるように修正することで、このエラーを解消することができます。

● 実際のエラー画面

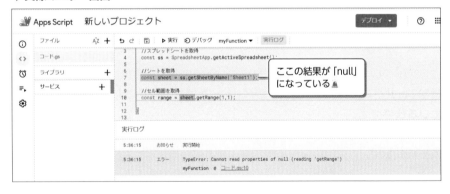

「コードを正しく書けている」と思っても、それはただの思い込みで、実は意図通りのデータを取得できていなかったということはよくあります。そのため、特に初心者のうちは、取得している各データの中身が意図通りになっているかを都度ログで確認するようにすると、こういったエラーを防ぐことができます。

● ログで、意図通りの結果になっているかを確認

　エラーを出すことはまったく悪いことではないですが、はじめのうちはエラーを解消するのにも時間がかかるので、そもそもエラーが出ないように工夫をすることも、自分への負荷を軽減するためにとても重要です。都度、ログを確認して早い段階で意図通りでないことに気づけると、修正もしやすいので、このポイントをおさえておきましょう。

存在しないMethodを指定している

● エラーメッセージ

```
TypeError: ○○○.○○○ is not a function
```

概要

　このエラーは「Class.Method(Parameter)」で、そのClass内に存在しないMethodを呼び出そうとしたときに発生します。

具体例と解消方法

　例えば、スプレッドシートの「A1」のセル範囲を取得したいというケースで考えてみましょう。セル範囲に該当するRangeクラスを取得する場合は、「アプリ>スプレッドシート>シート>セル範囲」とブレークダウンする必要がありますが、うっ

かりスキップをして、SpreadsheetAppクラスに対して「getRange」を使ったとします。

```
const range = SpreadsheetApp.getRange(1,1);
```

これを実行すると、下記のエラーが発生します。

● エラーメッセージ

```
TypeError: SpreadsheetApp.getRange is not a function
 >> 和訳：「SpreadsheetApp.getRange」は関数ではありません（そのMeth
od は存在しません）
```

「SpreadsheetApp」に対して使えるMethodに「getRange」は存在しないため、このエラーが発生している状態です。

● イメージ

つまり、このエラーが発生した場合は該当のコードの「Class」か「Method」のどちらかの指定に間違いがあります。そのため、まずは呼び出す「Method」を選択ミスやタイプミスで間違えていないかを確認しましょう。Methodが正しい場合は、それを使うことができる対象の「Class」は何であるのかを再度確認しましょう。

Methodの仕様を確認したい場合は、公式リファレンスの検索ボックスでMethod名で検索してみてください。そうすると、そのMethodを使うことができる

Classを確認することができるので参考にしましょう。

● 公式リファレンスの画面

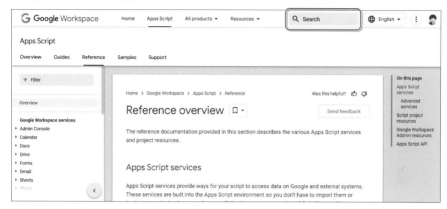

● 公式リファレンスの検索結果

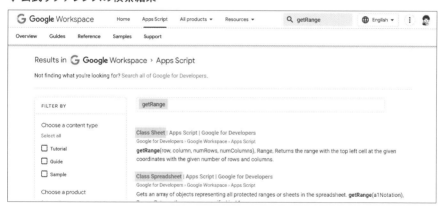

✚Parameterの指定が正しくない

● エラーメッセージ

```
Exception: The parameters (○○○) don't match the method signat
ure
```

概要

このエラーはParameterに指定しているデータが、本来指定すべきデータ型やデータの数と異なる場合に発生します。それぞれのMethodのParameterは、指定すべき項目とそのデータ型が決まっていて、その詳細は公式リファレンスで確認することができましたね。これに対して、Parameterの指定がルールから外れていると、上記のエラーが発生します。

● 公式リファレンスの画面

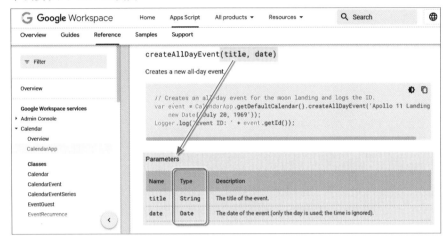

具体例と解消方法

例えば、カレンダーから予定を取得する「getEventsForDay」の引数は、日付を表すDate型で指定する必要があります。

● 公式リファレンスの画面

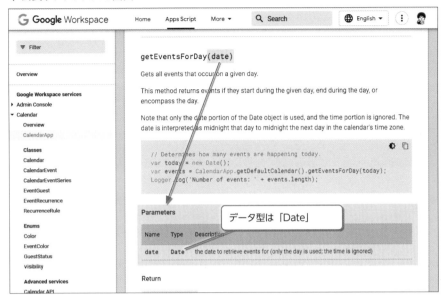

これに対して、うっかり日付の指定を文字列にしてしまったとします。

```
//カレンダーを取得
const calendar = CalendarApp.getCalendarById("★ここにカレンダーID
を記載★");

//8/31の予定を取得
const events = calendar.getEventsForDay("2023/8/31");
```

この状態で実行すると、下記のエラーが発生します。

● エラーメッセージ

```
Exception: The parameters (String) don't match the method signat
ure for CalendarApp.Calendar.getEventsForDay.
 >> 和訳：この「文字列」のParameterはCalendarApp.Calendar.getEven
tsForDayのデータ型と一致しません
```

「Parameterを文字列で指定しているけど、それは正しくないよ」と教えてくれているエラーです。この場合は、Parameterの指定をルールに沿った正しい形式に変更する必要があるので、公式リファレンスなどで使い方を再度確認して修正しましょう。

✚ 定義されていない変数

● エラーメッセージ

```
ReferenceError: ○○○ is not defined
```

概要

このエラーは、宣言していない変数や、スコープ外の変数を呼び出したときに発生します。

具体例と解消方法

まずは、**宣言していない変数を呼び出したケース**です。例えば、宣言した変数は「item」なのに、うっかりタイプミスをして「iten」で呼び出そうとしてしまった場合を見てみましょう。

```
const item = "レモン";
Logger.log(iten);
```

これを実行すると、下記のエラーが発生します。

● エラーメッセージ

```
ReferenceError: iten is not defined
  >> 和訳：「iten」は定義されていません（そのため見つかりません）
```

そもそも宣言をしていない変数だったり、宣言はしているものの呼び出す（利用する）ときにタイプミスをしていて、正しい変数を呼び出せていない場合にこのエラーが発生します。そのため、このエラーが発生したときは正しい指定に変更す

るようにしてください。

　また、このエラーになる状況に事前に気づくポイントがひとつあるので紹介します。変数を宣言したあと、他のコードで呼び出されている変数は文字色は「黒」になりますが、他のコードで呼び出されていないと「グレー」になります。

● イメージ

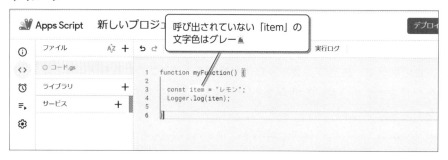

　そのため、他のコードで使っているはずの変数が「グレー」になっているときは、上手く指定ができていないと気づくことができます。そのときは「なにかおかしいぞ?」と考えて、変数を呼び出している部分のコードを確認してみましょう。

　また、もうひとつは、**スコープ外の変数を呼び出しているケース**です。「const」で宣言した変数は中括弧内で囲われた範囲で有効で、その範囲外で呼び出すことはできません。例えば、if文の中で変数「flag」を宣言している下記のコードがあるとします。

```
const item = "レモン";

if(item == "レモン"){

  const flag = "柑橘類";

}
```

```
Logger.log(flag);
```

　このとき、変数「flag」が有効なのはif文の中括弧内のため、実行すると下記の
エラーが発生します。

● エラーメッセージ

```
ReferenceError: flag is not defined
  ›› 和訳：「flag」は定義されていません（そのため見つかりません）
```

　この場合は、該当の変数を呼び出す範囲をスコープ内に移動するか、スコープ
外で呼び出す必要がある場合は、それができるように宣言する場所やデータ生成
の方法を変更しましょう。

必要な権限が許可されていない

● エラーメッセージ

```
Exception: You do not have permission to call ○○○.○○○. Req
uired permissions: https://www.googleapis.com/auth/xxxxx
```

概要

　このエラーは、スクリプトの処理を実行するのに必要な権限がプロジェクトで
許可されていない状態のときに発生します。通常、必要な権限は初回実行時に
承認のポップアップ画面が自動で表示されるので、そこから許可をします。です
が、何らかの理由でこの画面では必要な権限が付与されず、「○○○の権限が
許可されていません」というエラーが発生することがあります。

具体例と解消方法

　この場合は、必要な権限の設定を「appsscript.json」に追記することで明示的
に行います。（コード内に間違いがあるわけではないので、コードの修正は不要で
す）

手順は以下の通りです。

1 プロジェクトの設定で、"「appsscript.json」マニフェスト ファイルをエディタで表示する" にチェックを入れる

● プロジェクトの設定 画面

● エディタの画面

2 許可が必要なURLを、「appsscript.json」に追記する

エラーメッセージの「Required permissions」のあとに記載されているURLを「appsscript.json」に追記します。

● エラーメッセージ

```
Exception: You do not have permission to call ○○○.○○○. Req
uired permissions: https://www.googleapis.com/auth/xxxxx
```

　下記の青字部分のように「appsscript.json」に追記をします。複数権限の許可
が必要な場合はカンマ(,)区切りで記載してください。

```
{
  "timeZone": "Asia/Tokyo",
  "dependencies": {
  },
  "exceptionLogging": "STACKDRIVER",
  "runtimeVersion": "V8",
  "oauthScopes": [
    "https://www.googleapis.com/auth/xxxxx",
    "https://www.googleapis.com/auth/xxxxx-2"
  ]
}
```

　エラーメッセージにURLが複数記載されていることがありますが「||」の記号は
「OR条件」を意味するので、どれか1つを追記すれば大丈夫です。

● エラーメッセージ

```
Exception: You do not have permission to call ○○○.○○○. Req
uired permissions: (https://www.googleapis.com/auth/xxxxx || htt
ps://www.googleapis.com/auth/yyyyy)
```

3 エディタからスクリプトを再実行する

　基本的には「appsscript.json」の追記だけでは権限許可は完了しないため、エ
ディタからスクリプトを再実行する必要があります。再実行すると、権限承認の
ポップアップ画面が表示されるため、そこから許可をしてください。イベントトリ
ガーを使って実行しているスクリプトの場合も、一度エディタ上から実行して許可

を進める必要があるので、この工程を忘れないようにしましょう。

● 権限承認の画面

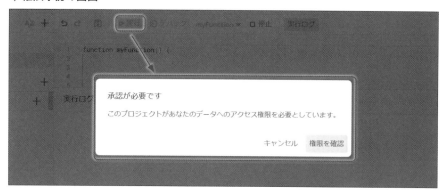

ステップアップ Point

よくあるエラーと解消方法を紹介しましたが、あくまで一例にすぎません。これから開発に挑戦する中で、さまざまなエラーに出会うことでしょう。そんなときに、思い出していただきたいことがあるのでここでお伝えします。

✚ エラーと向き合えるかが成功の鍵

エラーが発生したときに一発で直せることは、慣れるまではなかなかありません。ああでもない、こうでもないと、何度もトライアンドエラーを繰り返すことでようやく、「こういうことだったのか……!!」と理解ができることがほとんどです。

これは、決して悪いことではありません。「間違い=よくないもの」という印象があるかもしれませんが、プログラミングとはそういうもので、たくさん間違えてもいいんです。間違えていたらエラーで教えてくれるので、それに誘導されながら少しずつ自分のやりたいことに近づいて、最終的にゴールができればいいんです。はじめから完璧なコードを書くことは、そこまで重要ではありません。

ここまでにお伝えしたように、エラーメッセージには「どこで、どんなエラーが発生しているのか」がしっかりと書かれています。はじめはよく意味がわからないものもあると思いますが、エラーを解消することを通して、「あ、これはこういう意味

だったんだ」と、徐々にそれぞれのエラーが何を意味するのか、その知識のストックが増えていきます。そうするとエラーを解消するのにかかる時間も少しずつ減っていきます。

　開発にエラーはつきものです。だからこそ、エラーと向き合えるかどうかがやりたいことを自由自在に実現できるスキルを身につけるための鍵になります。**エラーと向き合って、トライアンドエラーを繰り返して、それを乗り越えていくというスタンスで、さまざまな開発に挑戦していきましょう。**

データをわかりやすく表現するなら『Looker Studio』

グラフを使ってデータを可視化したいときは、どうするのがいい?

悩みポイント

表形式のデータを、グラフを使ってわかりやすく表現したいとき、スプレッドシートでもグラフの作成はできますが、グラフの種類によっては範囲指定などが少し複雑で、直感的な操作で作成できないことがよくあります。さらに、作り方によってはデータ更新のたびに、グラフや表を再作成するという作業が発生することもあるでしょう。

また、さまざまな粒度で分析したグラフや表をまとめて、パッと確認できるようにダッシュボードにしたいというときは、スプレッドシートで作成しようとするとなかなか複雑になってしまったり、ユーザー視点では使い勝手が良くないものになることもあります。

ここまでに学んだGASを使うと、さまざまなデータ取得の自動化ができるようになりますが、「データを取得すること」自体はゴールではありません。せっかく取得したデータをうまく活用できなければ、その価値は最大限に発揮されません。データ取得〜分析までのプロセスをさらにアップデートするための手段として「Looker Studio」を学びましょう。

これで解決

Googleが提供している無料のBIツールである「Looker Studio」を使うと、あらゆるデータをもとにして自由自在に直感的な操作でパッと見やすいダッシュボードを作成することができます。

● イメージ-1

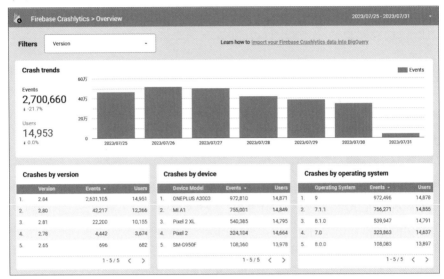

※Looker Studioテンプレートより
(https://lookerstudio.google.com/navigation/templates)

● イメージ-2

※Looker Studioテンプレートより
（https://lookerstudio.google.com/navigation/templates）

　一度ダッシュボードを作成すると、もとになるデータを更新すればダッシュボード上のグラフや表は自動更新されるため、データ集計やレポート作成の作業をする必要もなくなります。データ分析のプロセスが最適化することで、データ活用の促進にもつながりますので、Looker Studioにも挑戦していきましょう。

解説

　それでは実際にやっていきましょう。ここではLooker Studioの基本の使い方を説明します。本書では、よく使う機能をピックアップして紹介しているので、すべてを網羅しているわけではありません。「こんなことはできないかな?」と思ったら、ぜひ実際の画面をさわってみたり、調べたりしながら試してみてください。

✥ はじめに

　今回は、「売り上げデータ」を元データとして、各種操作の解説をすすめていきます。

● スプレッドシートの画面

✥ 新しいレポートを作成

　では、新しいレポートを作成しましょう。スプレッドシートやドキュメントでいうと「ファイルの作成」に該当します。まずは、下記にアクセスしてください。

● Looker Studioのトップページ

https://lookerstudio.google.com/

　画面左上の「Create＞レポート」をクリックで、新しいレポートを作成できます。

● Looker Studioの画面

✚ データソースを決める

レポートを作成すると、「データのレポートへの追加」というウィンドウが表示されます。ここで、レポートのもととなるデータ(データソース)の設定をします。

● データソースの設定画面

ここで接続できるデータは多岐にわたるので、ぜひ業務でよく使うツールを連携することができるか見てみてください。今回は「Google スプレッドシート」をデータソースに選択します。

● データソースの設定画面

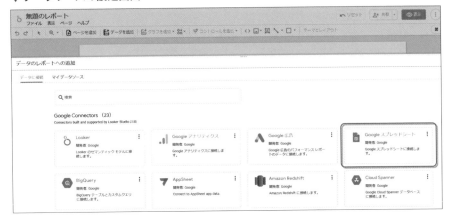

そうすると、どのスプレッドシートを接続するか設定する画面に移動するので、ファイルとシートの指定をしましょう。選択方法はいろいろと用意されていますが、URL指定を使うとLooker Studioの画面でスプレッドシートをさがす手間がはぶけます。

● データソースの設定画面

シートを選択して、「追加」をクリックします。

● データソースの設定画面

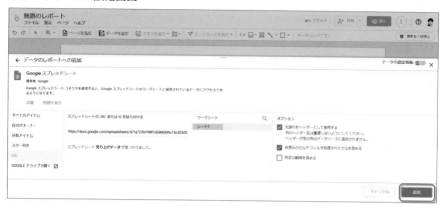

　接続が完了すると、レポート画面が表示されるので、ここにグラフや表を追加していきます。画面左上の「無題のレポート」はレポート名なので、管理しやすい名前に変更しましょう。また、今回はデフォルトで追加されている表は使わないので、deleteキーなどで消していただいて問題ありません。

● レポートの画面

🔍 ポイント

　スプレッドシートを更新すると、そのデータは自動でレポートに読み込まれるため、Looker Studioを都度更新する必要がなくとも便利です。（更新頻度はデフォルトで

15分ごとです）

このほかに、汎用的なデータソースとしてCSVファイルをアップロードすることも可能です。こちらは、もとになるデータの更新が発生するたびにアップロードしなければいけない点に注意が必要ですが、ひとつの手段として用意されていることをインプットしておきましょう。

● データソースの設定画面

グラフを追加する

レポートの準備ができたら、グラフを追加してみましょう。各種要素の追加は画面上部のタブからできます。ページや画像、テキストボックスなども追加可能です。

● レポートの画面

「グラフを追加」をクリックすると、追加するグラフの種類を選択できます。さまざまなグラフや表が用意されているので、ぜひいろいろと試してみてください。今回は縦棒グラフを追加します。

● レポートの画面

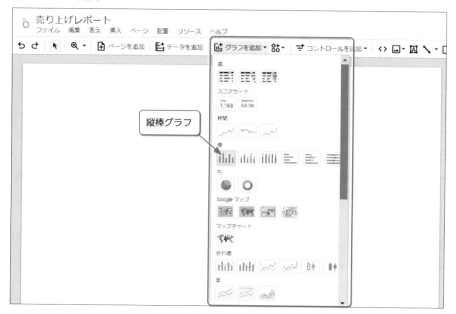

グラフを追加したら、内容の詳細を設定していきましょう。グラフの設定は、画面右側の「設定」から行えます。どのような設定ができるのか、基本的なものを解説していきます。

● グラフの「設定」

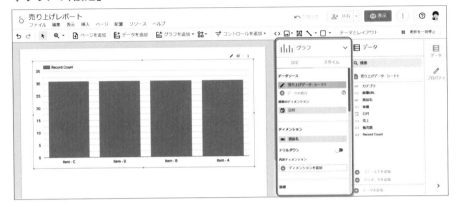

ディメンション

　下図が「商品別」のグラフになっているのは、「ディメンション」で「商品名」が設定されているからです。「ディメンション」とはデータをグループ化する粒度を指定する項目です。

● グラフの「設定」

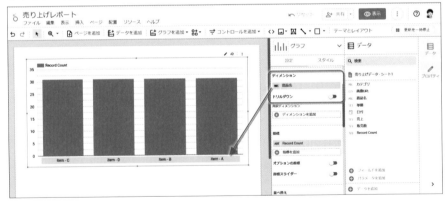

　例えば、ディメンションを「日付」に変更すると日別のグラフになります。（日付の並び順がばらばらになっていますが、後述の「並び替え」で整えることができます）

● グラフの「設定」

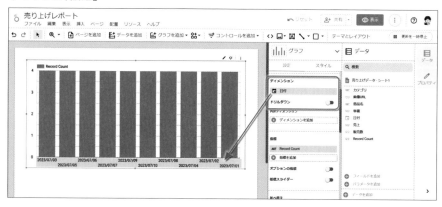

指標

　また、「Record count」が集計されたグラフになっているのは、「指標」で「Record count」が設定されているからです。「指標」とは、どのデータをどのように集計するかを決める項目です。

● グラフの「設定」

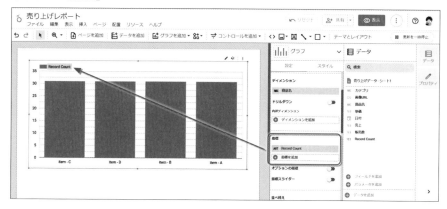

📝メモ

　「Record count」は「データの行数」をカウントするフィールドで、データソースを接続すると自動で追加されるものです。

例えば、「指標」を「売上」に変更すると、商品別の売上をまとめた棒グラフになります。

● グラフの「設定」

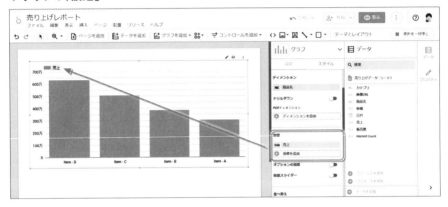

並べ替え

グラフの並び順は、「並べ替え」の設定で決まります。現在は、「売上」「降順」の指定になっているため、売上金額が大きい順に並んでいる状態です。

● グラフの「設定」

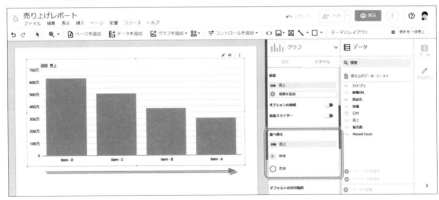

例えばこれを、「商品名」「昇順」にしたい場合は、次図のように設定します。

● グラフの「設定」

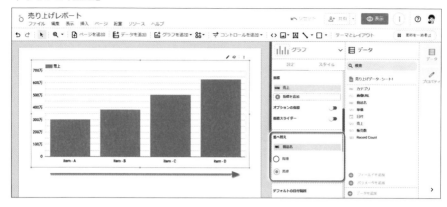

デフォルトの日付範囲

集計するデータの期間指定をしたい場合は「デフォルトの日付範囲>カスタム」から指定することができます。

● グラフの「設定」

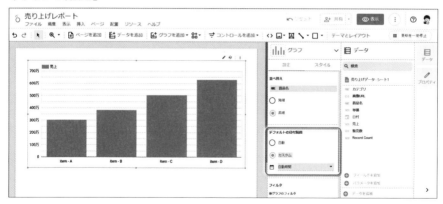

フィルタ

また、集計するデータを特定条件で絞り込みたい場合は「フィルタ>フィルタを追加」から設定することができます。

● グラフの「設定」

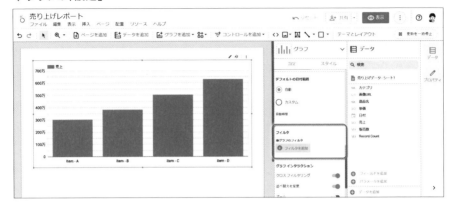

　例えば、「カテゴリ」が「国産」のデータに絞りたいときは、下記のように設定
します。

● フィルタの条件設定

　保存をすると、フィルタが反映されて条件に一致するデータのみに絞られます。

● グラフの「設定」

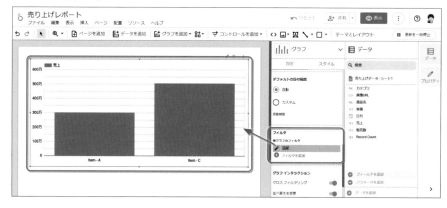

「スタイル」で書式設定

　グラフの色や線、データラベルや軸タイトルなど、書式の設定は「スタイル」タブで行えます。多岐にわたる設定をすることができ、自由自在にグラフのデザインを変更できます。ぜひ、いろいろと試して、どのような設定が用意されているのか確認してみてください。

● グラフの「スタイル」

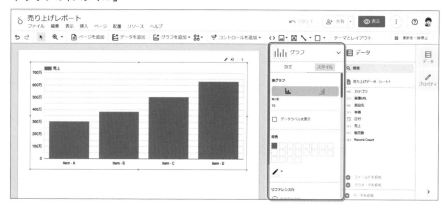

　例えば、「データラベルを表示」にチェックを入れると、各商品の売上金額が表示されます。

● グラフの「スタイル」

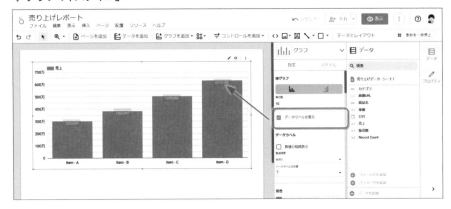

データの種類

　上図では、データラベルが単純な数値として表示されました。これを金額表記にしたい場合は「Data Type（データの種類）」で設定できます。

　「指標」で項目名の左側にカーソルをあわせると表示される「✏」をクリックし、任意の種類を選択すると反映されます。

● グラフの「設定」

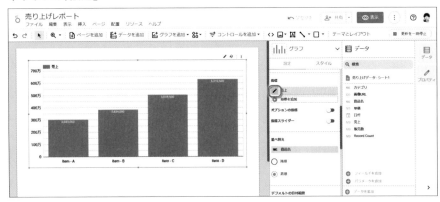

● データの設定

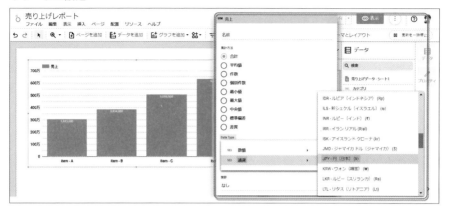

● グラフの「設定」

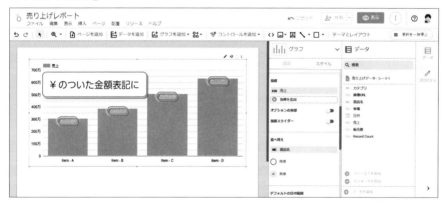

また、データソース自体の設定を変更することも可能です。その場合は、データソースの左側の「✎」をクリックします。

● グラフの「設定」

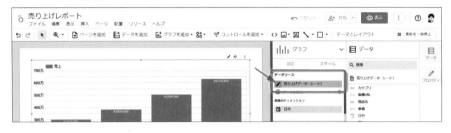

　フィールド（項目）の設定画面が表示されるので、タイプを変更して「完了」で設定できます。データソースの設定を変更すると、レポート内のすべてのグラフに設定が反映されます。

● データソースの設定画面

計算フィールド

　グラフや表で選択できる指標は、データソースに存在する指標だけではありません。「計算フィールド」を使うと、既存の指標にさまざまな処理を加えた、新規の指標を追加することが可能です。足し算・引き算・掛け算・割り算といった基本的な計算はもちろん、スプレッドシート関数と同じような処理ができる「関数」が用意されていて、これを使うと多岐にわたる処理を簡単に行うことができます。

● Looker Studioの関数リスト

https://support.google.com/looker-studio/table/6379764?hl=ja

データソースの設定画面で計算フィールドの追加ができます。

● グラフの「設定」

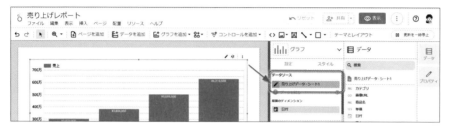

「フィールドを追加」をクリックすると設定画面が開きます。

● データソースの設定画面

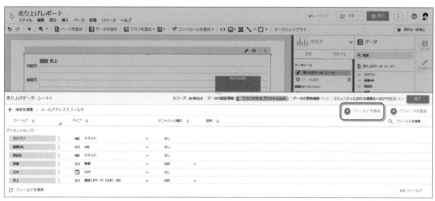

　ここで、「フィールド名」「計算式」を入力して保存すると、フィールドの追加は
完了です。スプレッドシート関数を使うときと同じように、計算結果が意図したも
のになっているかの確認を必ずしましょう。

● フィールドの設定画面

　計算フィールドを使えば、**自動ですべてのデータに計算が適用されます**。スプレッドシート関数で計算する場合は、データの追加があったら数式をコピーしたり、ARRAYFORMULA関数で最終行まで自動反映するように設定する必要がありましたが、Looker Studioならそういった手間も発生しません。簡単にダッシュボード作成ができるだけでなく、管理にかかる工数も削減できることも大きなメリットのひとつです。

コントロール

　「コントロール」を設置すると、ユーザーがダッシュボードを見ながら、自由にデータをしぼって分析できるようになります。

　「コントロールを追加」から、任意のものを選んで設定をします。今回は「プルダウンリスト」を追加してみましょう。

● レポートの画面

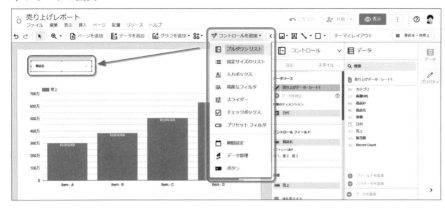

　これを使うと、「コントロールフィールド」に設定した項目でしぼり込みができるようになります。「指標」や「並べ替え」の設定もグラフと同じようにできるので、ぜひ試してみてください。

● コントロールの「設定」

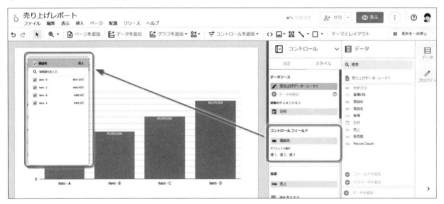

「テーマとレイアウト」でレポートのデザイン設定

　レポート全体の配色や、ページの大きさの変更は「テーマとレイアウト」で設定することができます。「テーマ」ではグラフや表の標準の色を、「レイアウト」でページの大きさなどを設定できます。

● テーマとレイアウトの画面

ステップアップ Point

　ここまで、レポートの基本的な作成方法を学びました。ステップアップでは、作成したレポートを活用する際に、知っておくとよいポイントを紹介します。

➕ データの更新頻度を設定する

　スプレッドシートをデータソースにしている場合、デフォルトでデータは15分おきに自動で更新される設定になっています。（リアルタイム反映ではありません）これよりも頻度を高くすることはできませんが、設定を変更したい場合は、データソースの設定画面を開き、「データの更新頻度」をクリックすると設定することができます。

● データソースの設定画面

● 更新頻度の設定画面

　また、スプレッドシートを更新して15分以内にその更新を反映したいという場合は、レポート画面右上の「 ⋮ ＞データを更新」をクリックすると即時更新することができます。

● レポートの画面

🔹 共有の設定をする

　Looker Studioもスプレッドシートやドキュメントと同じく、他の人に共有するためには権限設定をする必要があります。「+共有」をクリックすると権限設定の画面が開くので、ここで設定しましょう。

● 共有の設定画面

🔹 メールで配信する

　レポートをPDF形式にしたデータを、定期的にメールに自動送信することも可能です。「レポートに都度アクセスするのは、少しめんどくさい」「レポートを作成したけど、なかなかアクセスしてもらえない」といったシーンなどで活躍してくれます。（PDF形式のデータのため、コントロールなどは利用できません）

　「▼>配信のスケジュール」で、宛先や頻度などの設定をすることができます。

● レポートの画面

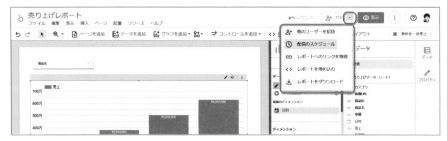

● メール配信の設定画面

Looker Studioではデータをもとに、多様な表現を自由自在にすることができます。本書で紹介しているのは基礎中の基礎なので「こんなことはできないかな?」と思ったら、ぜひ実際の画面をさわってみたり、調べたりしながら試してみてください。

未経験独学の壁を乗り越えて

挑戦をつづけよう

　本書を通して、はじめてプログラミングに触れた方も多いと思います。プログラミング未経験というのは、それを使いこなしていくのに不利な印象を与える言葉かもしれませんが、決してそうではありません。いつ学びはじめるかは、それほど重要ではないからです。

　いまの時代、専門的な学校に通うことだけが学びの手段ではありません。いつでもだれでも手軽に学ぶことができる時代です。だからこそ、学んだことをどう使っていくかが重要です。

　現場で働いているからこそ見えてくる課題があり、それこそが改善の種であり宝物です。それが見えているからこそ思い描くことができる理想があります。現場を知っているというアドバンテージは、だれもが簡単に手に入れられるものではありません。これは、みなさんならではの大きな強みです。だからこそ、本書で紹介した新しい手段を武器に業務改善することは、キャリアを広げる新しい挑戦になります。

　GASは経験を問わず、誰でも使いこなすことができるものです。基本を理解すれば、自由自在に組み立てて、強力な武器にしていくことができます。本書では、その基本を丁寧に解説しました。1周目にはピンとこなかったことも、2周目で「そういうことか!」とすっと理解できることも出てくるので、ぜひ余裕があるときに何度か振り返ってみてください。

　そして、ぜひ、まずはシンプルで簡単なことに挑戦してみてください。「開発をして自動化する」という小さな成功体験をたくさん積んで、少しずつ力をつけて、前に進んでいきましょう。

　開発は上手くいくことばかりではないので、エラーが連続すると心が折れそうになることもあるかもしれません。それでも向き合って解消することで理解が深まり、レベルアップすることができます。とはいえ、自分に負担をかけすぎてあきらめてしまったら元も子もありません。無理なく継続して挑戦できるように、スプ

レッドシート関数やLooker Studioなど、既存機能を使えるところは活用して、最小限の負担で済むように設計するなど、継続して挑戦できるように工夫をしながら進んでいきましょう。

　本書での学びが、少しでもみなさんの未来につながるものになれば幸いです。

ダウンロード増補コンテンツについて

本書の読者のために、ダウンロード増補コンテンツを用意しました。

さらなる 実践を2つと、便利なスプレッドシートの関数を学べます。
本書の活用とともに、さらにダウンロードして学習していただけたら幸いです。

●本書ウェブページ
本書の学習用サンプルデータなどをダウンロード提供しています。
https://www.shuwasystem.co.jp/support/7980html/7076.html

索引

著者紹介

事務職たらこ

2016年に千葉大学 法経学部を卒業。新卒でマーケティ
ング企業に入社して、事務職に従事。少しでも業務効率
化をして負担を減らすべく、Excel関数を駆使する日々を送
る中、次第にクラウド化が進みGoogleドライブやスプレッドシートもあたりまえに
利用するように環境が変わっていく。文系ど真ん中で、プログラミングとは縁も
ゆかりもない状態だったので、Google Apps Scriptの存在は知っていたものの「プ
ログラミングが必要だから、私にはできないものだ」とあきらめていた。しかし、
「スマートフォンひとつで何でもできる便利な時代とは思えないような、非効率で
ヒューマンエラーも防げないような対応をしつづけるのは絶対におかしい」と一
念発起をして、Google Apps Scriptを使いはじめる。そこですぐに、プログラミン
グ未経験者にはできないというのは思い込みで、誰でも簡単に使えるようになる
ものだと気づく。Googleアプリだけではなく、SlackやChatGPTなどの外部サービ
スとも手軽に連携できることを知り、自動化の可能性が無限大であることに気づ
き、現場業務を知っているからこそ必要なものが手にとるようにわかるという事
務職ならではの強みを活かして、約4年で100以上のツールを開発・導入し、約5
万時間を削減。「自動化によって仕事がなくなる」のではなくて「自動化すること
を仕事にできる」と気づき、事務職の新しいキャリアになると身をもって実感す
る。「仕事がなくなる不安がある人や、夜遅くまで作業に追われている人の光に
なりたい」と思い、誰でもできることを伝えるためにYouTubeやUdemyで動画配
信。事務職・文系職の人たちが、あたりまえにプログラミングを味方にするまでの
道のりをサポートしている。

パスワード：6965

本書サポートページ

●秀和システムのウェブサイト
　https://www.shuwasystem.co.jp/

●本書ウェブページ
　本書の学習用サンプルデータなどをダウンロード提供しています。
　https://www.shuwasystem.co.jp/support/7980html/7076.html

■注意
　本書の情報および画面キャプチャは 2023 年 8 月時点のものです。Google Apps Script や Google アプリ、その他の外部サービスのアップデートなどにより画面や仕様が変更されると、実際の画面とキャプチャに相違が生まれたり、API の使い方が変わってそのままのコードでは使えなくなることもありますので、ご了承ください。この場合は、公式のドキュメントやリリースを参考にしながら進めるのがおすすめです。

イラスト：中村青嗣

プログラム未経験者でもOK!!
業務効率化/自動化のための
Google Apps Script

発行日	2023年 10月 1日	第1版第1刷

著　者　事務職たらこ

発行者　斉藤　和邦
発行所　株式会社　秀和システム
　　　　〒135-0016
　　　　東京都江東区東陽2-4-2　新宮ビル2F
　　　　Tel 03-6264-3105（販売）Fax 03-6264-3094
印刷所　三松堂印刷株式会社　　　　Printed in Japan

ISBN978-4-7980-7076-6 C3055